高等学校建筑环境与能源应用工程
"十三五"创新系列教材

U0185299

建筑环境与能源应用工程
实验教程

主　编　傅俊萍
副主编　余　涛
参　编　夏侯国伟　　徐慧芳

中南大学出版社
www.csupress.com.cn
长沙

前 言
Preface

本书是建筑环境与能源应用工程专业配套的实验课程教材。通过本书(课程)的学习可加深学生对本专业基本理论知识的理解,掌握测量仪器、数据采集及处理的基本方法,培养学生理论联系实际的学风、实事求是的科学态度和探究问题的能力。

本书共分为 10 章。第 1 章介绍了本专业实验课程的目的、特点及实验报告撰写的要求。第 2 章介绍了实验数据误差分析与数据处理基本知识。第 3 章介绍了实验常用仪表的构成及测量原理。第 4~10 章按专业课程体系的"冷热源工程""供热工程""泵与风机""建筑环境学""空气调节""通风工程""燃气工程"7 个部分介绍实验项目。

本书第 1 章由傅俊萍和余涛编写;第 2 章、第 7 章由傅俊萍编写;第 3 章、第 4 章(4~6 节)、第 6 章、第 8 章、第 10 章由余涛编写;第 5 章、第 9 章由夏侯国伟编写;第 4 章(1~3 节)由徐慧芳编写。全书由傅俊萍教授、余涛副教授担任主编、副主编。同时感谢教研室唐海兵等老师在本书初稿编写时给予的支持。

本书可作为建筑环境与能源应用工程专业的实验教学用书,也可供从事建筑环境与能源应用工程专业及相关专业的技术人员参考。由于编者水平有限,书中难免存在不足之处,恳请读者批评指正。

编 者
2021 年 1 月

目 录
Contents

第 1 章　绪论

1.1　实验教学目的及任务

　　建筑环境与能源应用工程专业主要是从事建筑环境控制、建筑能源供给系统、建筑设备等工程领域的规划、设计、施工和研发等方面的工作，是国家经济建设重要产业和重要学科之一。随着社会需求不断提高和科学技术的发展，对从事建筑环境与能源应用工程专业人才提出了更高的要求，要求本专业的技术人员不仅要具备扎实的理论基础，还需具有较高的实践能力和综合设计能力。目前高等学校开设的实验教学课程正是实现高素质创新人才的重要实践教学环节之一。学生在实验过程中，不仅可加深对专业知识的理解，更重要的是能够系统掌握实验方法和实验操作技能，对培养学生理论联系实际的学风、实事求是的工作态度和探究问题的科学研究方法都具有重要的意义。

　　通过本实验课程中的实验设计、实验仪器及设备的使用、实验操作、实验结果的分析及研究、实验报告的撰写等实验教学过程，可使学生达到以下目的：

　　①掌握建筑环境与能源应用工程专业中涉及的供热、通风、空调、锅炉、制冷等方面的实验原理和实验方法，通过实验掌握常用实验设备和仪器的使用方法，熟悉测试技术、实验数据采集等基本理论和基本技能。

　　②学会对建筑室内环境进行综合评价，包括对室内空气质量品质作出分析与评价。

　　③掌握本专业相关设备及系统的调试基本方法，同时对设备性能参数进行评价。

　　④通过实验加深对本专业基本概念、基本原理的理解，巩固所学的专业知识和理论。

　　⑤通过实验各个环节的训练，初步培养学生具备一定的科学研究和技术开发的能力，从而提高学生的创新能力。

1.2 课程实验要求

本课程的实验是学生在教师的指导下，使用一定的设备和材料，通过控制条件的操作，引起实验对象的某些变化，从观察这些现象的变化中获取新知识或验证知识的教学方法。实验包括实验者、实验手段和实验对象三个要素。课程实验的实验者为学生，实验对象是被测的物体，实验手段包括实验方法和实验设备、仪器等。实验者在充分理解实验要求和实验原理的基础上，采用各种测试手段并按照一定的程序，取得各种相应的实验数据，并对数据进行处理和分析，最终得出实验结果。

1.2.1 实验内容及步骤

1. 确定实验内容

根据课程教学大纲的要求，明确实验目的，提出待验证的基本概念或探索研究的问题，从而确定实验内容。对于基本实验，可按实验教程的说明，确定实验内容。

2. 实验设计

对于基本实验，学生应按实验指导的说明，掌握所做实验的设计方法、实验装置、实验步骤等内容。而对于综合性（设计性）实验，要求学生通过查阅有关书籍、文献资料，了解和掌握与课题有关的国内外技术现状、发展动态，并在此基础上，根据实验课题要求和实验室条件，提出具体的实验方案，包括实验技术路线、实验条件要求、实验计划进度等，并在老师的指导下完成实验。

3. 实验数据分析与处理

实验数据分析处理是整个实验过程中的一个重要部分，学生应利用已掌握的基本概念分析实验数据，通过数据分析加深对基本概念的理解。实验过程中应随时进行数据整理分析，一方面可以看出实验效果是否能达到预期目的，另一方面又可随时发现问题，修改实验方案，指导下个阶段的实验。实验结束后要对实验数据进行整理，并进行分析与处理，从而确定影响因素的主次与最佳运行条件或建立实验公式，找出其事物内在规律。

4. 实验报告的撰写

实验报告是对整个实验的全面总结，撰写实验报告要科学准确和实事求是。

1.2.2 实验要求

为了保证实验课程的教学质量，顺利完成实验并作出合格的实验报告，对实验过程中的各个环节提出如下要求和说明：

1. 实验准备

学生在课前必须认真阅读实验教材，清楚地了解实验目的、实验要求、实验原理和实验内容，写出简明的预习提纲。预习提纲包括：①实验目的和主要实验内容；②实验原理和要求；③实验注意事项等。

依据所做实验的具体内容、研究实验的理论依据和实验方法，确定需采集的实验数据，并估计这些实验数据的变化规律，确定测试目标及测试方法，准备好实验记录表格。

实验开始前，详细阅读实验教材和设备操作规程，了解实验流程、主要设备的构造、仪表的安装部位，掌握测量原理和设备的使用方法，并根据实验任务和现场状况，拟定实验方案和操作步骤。

2. 实验操作

学生实验前应仔细检查实验设备、仪器仪表是否完整齐全。实验时要严格按照设备操作规程认真操作，仔细观察实验现象，准确测定实验数据，并详细填写实验记录表。实验结束后，要将实验设备和仪器仪表恢复原状，将周围环境整理干净。学生应注意培养自己严谨的科学态度，养成良好的工作学习习惯。需掌握并熟悉下列的操作要领：

实验设备起动前必须检查：①实验台设备、管道上各个阀门的开、关状态是否符合流程要求；②检查各种实验仪表是否能正常使用；③泵、风机等转动的设备，起动前先停机检查能否正常转动，才可起动设备。

实验操作时应该高度集中注意力，认真操作和记录实验数据，并观察实验现象，发现问题及时处理或报告实验老师。

实验操作结束时应先将气源、水源、热源、测试仪表的连通阀门以及电源关闭，然后切断实验台设备电源，调整各阀门处原始位置。

实验测定、记录和数据整理：

1) 实验测量需要的数据。凡是影响实验结果或是整理数据时需要的参数都应测取。它包括大气条件、设备有关尺寸、物理性质及操作数据等。一般可根据其他参数导出或可从手册中查出的参数可不必测量记录。

2) 实验数据的读取及记录：①根据实验目的的要求，在实验前做好数据记录表格，在表格中应记下各项物理量的名称、符号及单位；②实验时待现象稳定后，方可开始读取数据，条件改变后，也要稳定一定时间后读取数据，以排除因仪表滞后现象而导致读数不准的情况；③每个数据记录后，应该立即复核，以免读错或写错数据；④数据记录必须反映仪表的精度，一般要记录到仪表最小分度的下一位数；⑤实验中如果出现不正常情况或数据有明显误差时，应在备注栏中加以注明。

3) 实验数据处理。通过实验取得大量数据以后，必须对数据进行科学的整理分析。整理实验数据需注意：①原始记录数据只可进行整理，绝不可修改。经判断确系过失误差所造成的不正确数据可以注明后不计入结果；②同一实验点的几个有波动的数据可先取其平均值，然后进行整理；③采用列表法整理数据清晰明了，便于比较。在表格之后应附计算示例，以说明各项之间的关系；④实验结果用列表、绘制曲线、图形或方程式的形式表达。

4) 实验总结。通过实验数据的系统分析，对实验结果进行评价。实验总结的内容包括以下几方面：①通过实验掌握了哪些新的知识；②是否解决了实验前提出的问题；③是否证明了相关文献中的某些论点；④实验结果是否可用于改进已有的工艺设备和操作运行条件；⑤当实验结果不合理时，应分析原因，提出新的实验方案。

1.3　实验报告撰写

实验报告是对实验工作的记录和总结,是实验研究的最后环节,也是一个非常重要的环节。实验报告的撰写基本包含了一次完整的科学探究过程,实验者在实施科学实验的基础上,将实验的目的、方法、步骤、结果等内容通过简洁的书面报告形式进行记录和分析。实验报告的撰写不仅有利于不断积累研究资料,总结研究成果,而且可以提高实验者的观察能力、分析能力和解决问题的能力,培养实验者理论联系实际的学风和实事求是的科学态度,为今后写好研究报告和科学论文打下基础。

1.3.1　实验报告撰写原则

实验报告是实验过程和实验结果的如实记录。实验报告可以重复前人实验工作的记述,可以不限于阐述创新的内容,可以不要求明确的结论,但实验数据必须完整、真实,且应有讨论分析,得出的数据结果、公式或图形要有依据。

1.3.2　实验报告结构及写作要求

实验报告以叙述和说明为主,分条列项,如实将实验过程进行的情况和结果简单明了地阐述清楚就可以,不强调固定和统一的格式。

实验报告应包括题目、实验目的、实验原理、实验主要设备、仪器和实验步骤、实验结果、讨论分析等内容。

1. 题目

实验报告的标题应反映研究课题的内容。

2. 实验目的

实验目的应简单、明确,突出重点,清楚地表明本次实验过程所要达到的各项目标。

3. 实验原理

实验报告中要阐明实验依据何种原理和定律、实验的设计思路、间接实验数据的计算过程和公式。

4. 实验主要仪器和实验步骤

实验报告应介绍清楚实验系统和实验仪器名称,并包括实验设备的操作方法、注意事项及要求,同时还应画出实验装置的示意图。实验步骤包括实验前、实验中、实验后要做的各种准备工作,操作程序安排和管理等。

5. 实验结果

实验结果表述内容包括根据实验过程中所见到的现象和测得的原始数据,以及采用一些逻辑的或统计的技术手段得出实验最终结果和结论。表述方法可采用图表和经过统计处理的数据组成形式,展示的各种图表应简明扼要,如有必要,还应对图表的某些内容加以说明或注释，切勿遗漏。

列举的数据必须是实验中获取的，有据可查，经得起复核，不应凭空编造或外加实验者的主观议论和分析，从而保证实验结果的客观性和准确性。

6. 结论和分析讨论

实验结论是根据实验结果做出的最后判断，是对课题研究的小结。结论不是实验结果的简单重复，而是实验结果和理论讨论的概括。结论应简明扼要，语言科学准确。

实验结束后可对实验中发生的现象、实验获得的结果进行理论分析和解释，对实验报告的结论提供理论依据。此部分也可写出实验成功或失败的原因，实验后的心得、体会、建议和设想，实验中存在的缺点和问题，有待于进一步深化研究的目标等内容。

第 2 章　实验数据处理与误差分析

在科学实验中将得到一系列实验数据，由于测量仪器和人为等方面的误差，导致测得的实验数据存在一定的误差。为了保证最终实验结果的准确性，应对原始实验数据的可靠性进行客观的评定，也就是对实验数据进行整理和误差分析，明确误差的来源，并设法消除或减少误差，提高实验的精确性。本章主要对实验数据处理和误差的基本知识做简要介绍。

2.1　测量误差与测量精度

在实验中所测得的物理量理论上应尽量接近真值，但测量过程中不可避免存在各种误差，影响了实验数据的精确度，为了减少测量误差，提高测量的精确度，需对真值与平均值、测量误差分类、精密度、正确度和精确度、误差表示方法等基本知识有一大致的了解。

2.1.1　真值与平均值

真值是在某一时刻和某一状态下，某量的客观值或实际值。通过测量得到的结果为测量值，由于测量仪器、测定方法、测量环境、人的观察力、测量程序都可能存在误差，因此实验测到的结果还不能代替真值，虽然真值一般是未知的，但从相对意义上又是已知的，如高精度测量仪器多次测量的平均值。

平均值是将多次实验值的平均值作为真值的近似值。常用的平均值包括算术平均值、加权平均值、均方根平均值、对数平均值、几何平均值。

1. 算术平均值

算术平均值是最常用的一种平均值。设有 n 个实验值：x_1，x_2，$\cdots$，x_n，则：

$$\bar{x} = \frac{x_1 + x_2 + \cdots + x_n}{n} = \frac{\sum\limits_{i=1}^{n} x_i}{n} \tag{2-1}$$

式中：x_1，x_2，$\cdots$，x_n——各次测量值；

n——测量次数。

2. 均方根平均值

$$\bar{x}_{均} = \sqrt{\frac{x_1^2 + x_2^2 + \cdots + x_n^2}{n}} = \sqrt{\frac{\sum\limits_{i=1}^{n} x_i^2}{n}} \tag{2-2}$$

3. 加权平均值

如果某组实验值是用不同的方法或由不同的实验人员获得的，则这组数据中不同值的精度或可靠性不一致，为了突出可靠性高的数值，可采用加权平均值。

$$\bar{x}_w = \frac{\omega_1 x_1 + \omega_2 x_2 + \cdots + \omega_n x_x}{\omega_1 + \omega_2 + \cdots + \omega_n} = \frac{\sum\limits_{i=1}^{n} \omega_i x_i}{\sum\limits_{i=1}^{n} \omega_i} \tag{2-3}$$

式中：x_1，x_2，$\cdots$，x_n——各次测量值；

ω_1，ω_2，$\cdots$，ω_n——各测量值的对应权重，各测量值的权数一般根据经验确定。

4. 几何平均值

$$\bar{x}_l = \sqrt[n]{x_1 \cdot x_2 \cdots x_n} \tag{2-4}$$

5. 对数平均值

$$\bar{x}_n = \frac{x_1 - x_2}{\ln x_1 - \ln x_2} = \frac{x_1 - x_2}{\ln \dfrac{x_1}{x_2}} \tag{2-5}$$

平均值的选取主要是从一组测定值中找出最接近真值的那个值，其决定于一组观测值的分布类型。在工程实验中，测试数据多属于正态分布，故常采用算术平均值。

2.1.2 测量误差分类

在实验中，由于测量仪器和人为等因素，总是存在不同类型的误差和偏差。误差是指实验值和平均值（包括直接和间接量值）与真值（客观存在的准确值）之差，偏差是指实验测量值与平均值之差，但通常未将两者严格区分。

根据误差的性质及其产生的原因，可将误差分为随机误差、系统误差和过失误差。

1. 随机误差

随机误差是指在一定实验条件下，以不可预知的规律变化的误差，如多次实验值的绝对误差有时为正，有时为负，或有时为大，有时为小，但随机误差一般具有统计规律，大多数呈正态分布。因此，当实验次数足够多时，由于正负误差的相互抵消，误差的平均值趋向零，所以，多次实验值比单个实验值的误差小。

随机误差是由于实验过程中一系列偶然因素，例如气温的微小波动、仪器的轻微振动、电压的微小波动等原因造成的。这些偶然因素是实验者无法控制的，所以随机误差一般是不可能完全避免的。

2. 系统误差

系统误差是在相同实验条件下对同一被测量进行多次测量中，测量误差保持恒定或以可预知方式变化的测量误差,即对同一被测量进行大量重复测量所得到的平均值,与被测量的真值之差。其误差大小反映了测量值对真值的偏离大小,反映了测量的正确度。

造成系统误差的原因主要有:仪器本身的缺陷(刻度不准、零点未调准等)、试剂不纯、周围环境改变(空气温度、湿度、压力改变)、个人读数习惯。一般系统误差是有规律的,通常可以找出其产生原因并消除误差,这对提高测量的准确度是很有意义的。

3. 过失误差

过失误差又称粗大误差,主要是由于实验人员的粗心大意而造成的读错、测错、记错的误差。含有粗大误差的测量值称为坏值,应在整理实验数据时依据常用的准则加以删除。

综上所述,系统误差和过失误差是可以设法避免的,而随机误差是不能避免的。

2.1.3　精密度、正确度和精确度

测量的质量可用误差的概念来描述,也可以用精确度等概念描述。

1. 精密度

精密度可以衡量某些物理量几次测量之间的一致性,即重复性,也反映了随机误差大小的程度。

2. 正确度

正确度是指在一定实验条件下,所有系统误差的综合,即大量测试结果的(算术)平均值与真值或接受参照值之间的一致程度。

3. 精确度

精确度是指实验结果与真值或标准值的一致程度,反映了系统误差和随机误差的综合,精确度高,则测量数据的算术平均值偏离真值小

精密度高并不意味着正确度高;反之,精密度不高,但实验次数相当多时,有时会正确度也较高,三者间的关系如图 2-1 所示。

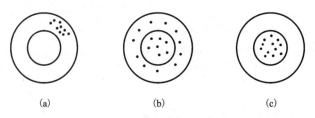

(a)　　　　　　　　(b)　　　　　　　　(c)

图 2-1　精密度和正确度的关系

(a)精密度好,但正确度不好;(b)精密度不好,但精确度好;(c)精密度好,精确度也好

2.1.4　误差的表示方法

测量误差分为测量点和测量列或测量集合的误差。

1. 测量点的误差

（1）绝对误差

测量误差指实验的测量值（包括直接和间接测量值）与真值之间的差值，即：

$$\Delta x = x - x_0 \tag{2-6}$$

式中：x_0——真值，常用多次测量的平均值代替；

　　　x——测量值。

从上式可看出误差 Δx 有正负之分，利用公式（2-6）计算的误差为绝对误差。

（2）相对误差

绝对误差与真值之比的百分数为相对误差。

$$\Delta = \frac{\Delta x}{x_0} \times 100\% \tag{2-7}$$

相对误差是无量纲的量，当被测量不同且误差较大时，用相对误差更能清楚反映测量值的准确性。

（3）引用误差

仪表量程内最大示值误差与满示值之比的百分数，常用来表示仪表的精度。

2. 测量列的误差

（1）算术平均误差

当系统误差为零时，随测量次数的增加，算术平均值和真值接近，因此，算术平均误差是表示误差的较好方法。

$$\Delta = \frac{\sum (x_i - \bar{x})}{n} \tag{2-8}$$

算术平均误差的缺点是无法表示各次测量间彼此符合的情况。

（2）标准误差

当测量次数为无限次时，标准误差为：

$$\sigma = \sqrt{\frac{\sum_{i=1}^{n} (x_i - x_0)^2}{n}} \tag{2-9}$$

式（2-9）只适合测量次数为无限次的情况，在实际测量时不可能实现，因此，在有限次测量的情况时，式（2-9）改写为：

$$\sigma = \sqrt{\frac{\sum_{i=1}^{n} (x_i - \bar{x})^2}{n-1}} \tag{2-10}$$

σ 的大小只说明在一定条件下等精度测量集合所属的任一次观察值对算术平均值的分散程度。如果 σ 的值小，说明该测量集合中相应小的误差占优势，任一次观察值对算术平均值的分散程度就小，测量的可靠性就大。

（3）算术平均值的标准误差

由于随机误差的存在，两个测量列的算术平均值也不相同，它们围绕被测量的真值有一定的分散，这也说明了算术平均值的不可靠性。算术平均值的标准误差可表征同一被测量的各个测量列算术平均值分散性的参数，作为算术平均值不可靠性的评价标准。算术平均值的标准误差为：

$$\hat{s} = \frac{\sigma}{\sqrt{n}} \qquad (2-11)$$

（4）置信概率

对于正态分布的随机误差，根据概率论可计算出测量值在$[-\sigma, +\sigma]$区间的概率为：

$$p\{|x_i| \leqslant \sigma\} = \int_{-\sigma}^{\sigma} \frac{1}{\sqrt{2\pi}} \exp\left(-\frac{\Delta x^2}{2\sigma^2}\right) \mathrm{d}(\Delta x) = 0.683 \qquad (2-12)$$

式（2-12）表示，在进行大量等精度测量时，测量值落在区间$[x_0-\sigma, x_0+\sigma]$内的概率（置信概率）为0.683。

同理可以计算出落在$[-2\sigma, +2\sigma]$区间内的概率为0.995，落在$[-3\sigma, +3\sigma]$区间内的概率为0.997，即每测量1 000次其误差绝对值大于3σ的次数仅有3次，在有限的测量中，不会出现大于3σ的误差。因此，通常将3σ定义为极限误差或称最大误差。

2.2　实验数据的处理

为了保证实验数据的可靠性，在测量过程中，应对实验数据进行初步整理，如发现误差大于$|3\sigma|$的数据，即可疑为差错或由外界干扰而引起。这些可疑或异常数据会歪曲测量结果，但并非误差大于$|3\sigma|$的数据均为坏值。根据正态分布规律，虽然最大误差出现的概率很小，但并不为零。因此不能简单地将具有最大误差的数据统统剔除，否则可能丢掉一批不属于坏值的误差较大的数据，致使所得到的测量结果是虚假的。所以，对具有大误差的数据，特别是在出现大误差次数较多时，要进行认真分析，慎重处理。常用的分析处理办法有以下几种。

2.2.1　物理判别与消除法

首先检查是否读数问题或瞬时系统误差（外界瞬时干扰，如电压的波动）。如能予以判定，可加以修正或剔除。如其原因难以确定，可在出现大误差的数据附近增补测量点，以减弱大误差的影响。

2.2.2　实验异常数据删除

此法用某种统计判据去判断和剔除异常数据，但一般说来，这种方法只适用于异常数据量很少时。如果大误差数据较多则应从物理方面找原因，可能有一些重要现象隐蔽在这些数据之中。

由于给定的置信概率与置信限的不同，有各种不同的统计判据，下面仅介绍几种常用的判别法。

1. 莱特准则

由于误差大于 3σ 测量值出现的概率仅仅只有 0.26%，因此，就把 3σ 作为判别的依据，即把某次测量值的剩余误差 $|x_i - \bar{x}|$ 大于 3σ 的测量值 x_i 作为异常数据而把它剔除。删除 x_i 后，对余下的各测量值重新计算误差和标准误差，直到各个误差均小于 3σ 为止。

由于 3σ 判据是建立在 $n \rightarrow \infty$ 基础上的，当 n 有限时，特别是 n 较小时，这一判别并不十分可靠，但由于其简单，还是常为测量者所引用。

2. 肖维判据

假定对一物理量重复测量了 n 次，其中某一数据在这 n 次测量中出现的概率不到半次，即小于 $\dfrac{1}{2n}$，则可以肯定这个数据的出现是不合理的，应予以删除。

根据肖维准则，采用随机误差的统计理论可以证明，在标准误差为 σ 的测量值中，若某一个测量值的误差等于或大于误差的极限 K_σ，则此值应删除。不同测量次数的误差极限见表 2-1。

表 2-1 肖维系数表

n/次	K_σ	n/次	K_σ	n/次	K_σ
5	1.65σ	15	2.13σ	25	2.33
6	1.73σ	16	2.16σ	26	2.34σ
7	1.79σ	17	2.18σ	27	2.35σ
8	1.86σ	18	2.20σ	28	2.37σ
9	1.92σ	19	2.22σ	29	2.38σ
10	1.96σ	20	2.24σ	30	2.39σ
11	2.00σ	21	2.26σ	35	2.45σ
12	2.04σ	22	2.28σ	40	2.50σ
13	2.07σ	23	2.30σ		
14	2.10σ	24	2.32σ		

3. 格拉布斯判据

假定对一物理量重复测量了 n 次，得 x_1，x_2，$\cdots$，x_n，设测量误差服从正常分布，若某数据 x_i 满足 (2-13) 式，则认为 x_i 含有过失误差，应删除。

$$g_{(i)} = \frac{|x_i - \bar{x}|}{\sigma} \geq g_{0(n, \alpha)} \qquad (2-13)$$

式中：$g_{(i)}$——数据 x_i 的统计量；

$g_{0(n, \alpha)}$——统计量 $g_{(i)}$ 的临界值，它以测量次数 n 及显著度 α 而定，其值见表 2-2；

α——显著度，为判断出现的概率，α 值根据具体问题选择。即当 x_i 满足式 (2-13)，但不含过失误差的概率为：

$$\alpha = p\left[\frac{|x_i - \bar{x}|}{\sigma} \geq g_{0(n, \alpha)}\right] \qquad (2-14)$$

表 2-2   格拉布斯判据数据表

n/次	α		
	5.0%	2.5%	1.0%
	$g_{(n, \sigma)}$		
3	1.15	1.15	1.16
4	1.46	1.48	1.49
5	1.67	1.71	1.75
6	1.82	1.89	1.94
7	1.94	2.02	2.10
8	2.03	2.13	2.22
9	2.11	2.21	2.32
10	2.18	2.29	2.41
11	2.23	2.36	2.48
12	2.28	2.41	2.55
13	2.33	2.46	2.61
14	2.37	2.51	2.66
15	2.41	2.55	2.70
16	2.44	2.59	2.75
17	2.48	2.62	2.78
18	2.50	2.65	2.82
19	2.53	2.68	2.85
20	2.56	2.71	2.88
21	2.58	2.73	2.91
22	2.60	2.76	2.94
23	2.62	2.78	2.96
24	2.64	2.80	2.99
25	2.66	2.82	3.01

续表2-2

n/次	α		
	5.0%	2.5%	1.0%
	$g_{(n, \sigma)}$		
30	2.74	2.91	3.10
35	2.81	2.98	3.18
40	2.87	3.04	3.24
45	2.92	3.09	3.29
50	2.96	3.13	3.34
60	3.03	3.20	3.41
70	3.09	3.26	3.47
80	3.14	3.31	3.52
90	3.18	3.35	3.56
100	3.21	3.38	3.59

2.2.3　实验数据处理步骤

对被测量进行了一列等精度的测量之后，应根据所测得的一组数据 x_1, x_2, $\cdots$, x_n 计算出算术平均值 $\bar{x}$ 和随机误差(σ 和 $\hat{s}$)，最后给出测量结果，其处理过程一般为：

①将测量得到的一列数据 x_1, x_2, $\cdots$, x_n 排列成表。

②求出这一列测量值的算术平均值 $\bar{x}$。

$$\bar{x} = \frac{1}{n} \sum_{i=1}^{n} x_i \tag{2-15}$$

③求出对应的每一测量值的剩余误差 $\Delta x_i = x_i - \bar{x}$。

④求出标准误差 σ。

$$\sigma = \sqrt{\frac{\sum_{i=1}^{n} (x_i - \bar{x})^2}{n-1}} \tag{2-16}$$

⑤判别有无异常数据。

如发现有异常数据 x_i，则剔除 x_i。然后重复①~④步骤再判定有无异常数据，一直到无异常数据为止。

⑥剔除异常数据后，计算出算术平均值 $\bar{x}$ 的标准误差 $\hat{s}$。

$$\hat{s} = \frac{\sigma}{\sqrt{n}} \tag{2-17}$$

式中：n——不包括异常数据的测量次数。

⑦写出测量结果。

$$\bar{x} \pm 3\hat{s} \tag{2-18}$$

[例1]　某实验测得气体的流速 v，得到一组数据如表2-3所示，试计算 $\bar{v}$ 和误差范围。

[解1]　求出平均流速 $\bar{v}$：

$$\bar{v} = \frac{1}{n} \sum v_i = 1.582 (\text{m/s})$$

求出标准误差 σ：

$$\sigma = \sqrt{\frac{\sum (v_i - \bar{v})^2}{n-1}} = 0.112 (\text{m/s})$$

求出极限误差：

$$3\sigma = 0.336 (\text{m/s})$$

表 2-3　某试验测得气体流速 v 的一组测试数据

序号	测量值 $v_i/(\text{m} \cdot \text{s}^{-1})$	$\Delta \bar{v}_i = v_i - \bar{v}/(\text{m} \cdot \text{s}^{-1})$	$(v_i - \bar{v})^2$
1	1.52	-0.062	0.003844
2	1.46	-0.122	0.014884
3	1.61	+0.028	0.000784
4	1.54	-0.042	0.001764
5	1.55	-0.032	0.001034
6	1.49	-0.092	0.008464
7	1.68	+0.098	0.009604
8	1.64	+0.058	0.003364
9	1.83	+0.248	0.061504
10	1.50	-0.082	0.066724
	$\sum v_i = 15.82$	$\sum (v_i - \bar{v}) \approx 0$	$\sum (v_i - \bar{v})^2 = 0.11197$

用 3σ 判别有无异常数据，经判别无异常数据。则求出平均值的标准误差为：

$$\hat{s} = \frac{\sigma}{\sqrt{n}} = \frac{0.112}{3.162} = 0.035$$

测量结果为：

$$v = \bar{v} \pm 3\hat{s} = (1.582 \pm 0.105)(\text{m/s})$$

用肖维判据来判别异常数字是否存在。

$$K_{\sigma i} = |x_9 - \bar{x}|\sigma = 0.248\sigma$$

$$T_{x_i} = \frac{|v_9 - \bar{v}|}{\hat{\sigma}} = \frac{0.248}{0.112} = 2.214$$

查表 2-1，$K_\sigma = 1.96\sigma$，

所以 $K_{\sigma i} > K_\sigma (n = 10)$，

所以 v_9 为异常数据，应将之剔除。

重复计算(按测量 9 次)得：

$$\bar{v} = \frac{1}{9}\sum v_i = 1.554(\text{m/s})$$

$$\sigma = \sqrt{\frac{1}{9-1}\sum (v_i - \bar{v})^2} = 0.079(\text{m/s})$$

测量结果为：

$$\hat{s} = \frac{\sigma}{\sqrt{n}} = 0.026 \text{ m/s}$$

$$v = \bar{v} \pm 3\hat{s} = (1.554 \pm 0.078)(\text{m/s})$$

采用格拉布斯判据进行判定。

选显著值 $\alpha = 2.5\%$，查表 2-2 得 $g_{0(n, \alpha)} = 2.21$

$$g_{(i)} = \frac{|v_i - \bar{v}|}{\sigma} = \frac{|1.83 - 1.582|}{0.112} = 2.214$$

$$T_{x_i} = \frac{|v_9 - \bar{v}|}{\sigma} = \frac{|1.83 - 1.582|}{0.112} = 2.214$$

$$g_{(i)} > g_{0(n, \alpha)}$$

所以 v_9 为非异常数据，两种计算结果相同。

2.3　实验数据整理方法

实验数据整理的一般方法有：列表法、绘图法及回归分析法。

2.3.1　实验数据整理的列表法

在实验数据中至少存在两个变量,即自变量和因变量。将因变量随自变量变化的对应关系列成数据表格的形式,即为列表法。此方法简明实用,无须特殊工具,易于检查数据,避免出错,同时有助于反映各物理量之间的对应关系。

实验数据可分为实验数据记录表和实验数据整理表。实验数据记录表是根据实验内容预先设计的表格,主要用于记录待测实验数据;实验数据整理表是根据实验数据计算整理间接得出的表格,主要目的是表达变量之间的关系和实验的测试结果。在拟定表格时需注意以下几点:

①表格名称要简明、完备,各项的名称、单位要清晰。主项一般是实验中可直接测量的物理量。

②主项中的自变量应按递增或递减的规律排列,同一项目有效数字的位数应一致,且应用科学计数法表示数据。

③自变量的间距应选适当,即两相邻数值之差不可过大或过小。

④表中的原始测量数据应正确反映有效数字,同一栏中的有效数字的位数应相同。

⑤原始数据最好与处理结果并列在一张表中以便参考,并把处理方法在表下注明。

现以流体力学某一实验为例,说明列表法的格式,见表 2-4 和表 2-5。

表 2-4　实验记录表

设备编号:管径_____管长_____管件_____水温度_____仪表常数_____

序号	数字电表读数/ $(N \cdot S^{-1})$	直管阻力压差计读数		局部阻力压差计读数	
		左/mm	右/mm	左/mm	右/mm

表 2-5　计算结果表

序号	流量/ $(m^2 \cdot s^{-1})$	$u/(m \cdot s^{-1})$	$R_e \times 10^4$	$H_{直}/mmH_2O$	λ	$H_{局}/mmH_2O$	ξ

2.3.2 实验数据整理的图解法

绘图法是将函数值随自变量变化测得的数据描绘在坐标中，然后做成拟合的曲线，其优点是形象直观、便于比较，容易显示出最高点、最低点、转折点和周期性等。图解法的基本步骤和规则如下所述。

1. 曲线变换

由于直线最易描绘，且直线方程的两个参数(斜率和截距)较易计算，所以，选择坐标系时，在可能的情况下对变量作适当变换使所得图形为一条直线。下面是几种曲线变换的方法。

①若 $xy=c$(c 为常数)，令 $z=\dfrac{1}{x}$，上式变换为 $y=cz$，则 y 和 z 为线性关系。

②若 $x=c\sqrt{y}$(c 为常数)，令 $z=x^2$，上式变换为 $y=\dfrac{1}{c^2}z$，则 y 和 z 为线性关系。

③若 $y=ax^b$(a 和 b 为常数)，等式两边取对数得 $\lg y=\lg a+b\lg x$，则 $\lg x$ 和 $\lg y$ 为线性关系，b 为斜率，$\lg a$ 为截距。

④若 $y=ae^{bx}$(a 和 b 为常数)。等式两边取自然对数得 $\ln y=\ln a+bx$，则 $\ln y$ 和 x 为线性关系，b 为斜率，$\ln a$ 为截距。

2. 确定坐标分度

坐标分度的选择，要反映出实验数据的有效位数，即与被标数值精度一致，坐标分度是指沿 x、y 轴每条坐标所代表数值的大小，也就是坐标的比列尺。比例尺选择很重要，若选择不当，函数曲线的形状会失真。坐标分度要求便于迅速、简便地读数，便于计算，其不一定从零开始，只要求图线布满坐标纸全部面积，使布局均匀合理即可。

3. 坐标轴、坐标分度值的设计

一般选纵坐标代表函数值，横坐标代表自变量。每一坐标轴都应标上名称与单位，并在纵坐标的左方和横坐标的下方，每隔一定距离标出该变量的数量。所标数值的位数应与原始数据的有效数字位数相同。数值标法应力求整齐划一。

4. 原始数据标注

实验数据点在图纸上用"+"符号标出。由于图中数据是从实验测量或计算而来，因而总有一定的误差。当在坐标图上用点表示这些数据时，点的周围要画上圆圈或矩形，以表示无论自变量或函数都有误差。若在同一张图上表示不同线时，可用不同符号加以区别。

5. 恰当绘制曲线

由于数据存在误差，容易将各点连为折线，此方法不妥，应作出一条相当平滑的拟合曲线。为了正确地表达实验结果，绘图时应注意如下的问题：

①曲线应力求光滑而均匀、细而清晰，一般只有少数转折点，不应有间断和异常点。

②曲线不必通过所有点。一般两端点的精确度较差，作图时，可不作为主要依据。曲线应与所有点尽量接近，而且数量上曲线两旁点的分布近似相等。

③曲线上的某些重要点，如极值点等，应特别注意。一般来说，在极值点或异常点附近应增加测量数据。

作图时，根据上述方法，绘出初步拟合曲线，然后经过校正，再确定最后曲线。

6. 对曲线加以说明

图形作好后，应在每一图形下标明图的意义与名称。必要时在图后或图上附以说明，如实验条件、数据的分类等。

2.3.3　实验数据整理的公式法

公式法是将实验数据整理成数学模型即数学函数的表达形式，数学模型的建立一般分为三个步骤：确定数学模型的函数类型；确定数学模型式中各个待定系数；对数学模型的可靠性进行评价。

1. 公式法的基本方法及步骤

将实验数据整理成经验公式的方法有两种：一是根据实验数据所绘的图形进行分析判断，以确定公式的具体形式，然后根据图线的斜率、截距等确定公式中的各项常数；二是利用数据进行计算。一般说来（除周期函数外），可将数据整理成多项式形式，并用各种逼近计算方法，计算出各项常数，求出公式的具体形式。两种方法各有优缺点，当实验误差较大时，采用第一种方法较好。

实际中常常把两种方法结合使用，整理与归纳经验公式的步骤如下：

①在对实验数据进行误差分析与处理后绘出实验曲线，然后根据现象的物理实质和图线的形状判断曲线函数类型，观察函数是递增的，还是递减的，有无极值，是否存在峰顶与凹谷，以及 $x \to \infty$ 时，y 是否趋于 ∞ 等。

②由实际情况选择适当的函数表达式，并对所选函数表达式进行初步的检验。一般可用多项式逼近。

③对经检验确认合理的函数表达式，采用恰当的方法求解方程中的系数与常数。

④最后校核。经验公式建立后，一般应将所测的原始数据代入此公式，检查计算结果与实验结果的偏离程度。如偏离很大，则应检查整理过程是否有错误，或者对经验公式进行适当的修正。

将实验数据的图形与已知的函数曲线相比较。找出相近图形的函数作为数学模型来探讨。下面就一元线性回归分析与多元线性回归分析分别进行讨论。

2. 一元线性回归分析

一元线性回归是处理随机变量和应变量之间线性关系的一种方法，通常在实验数据散图中，两变量之间的线性关系可用（2-19）数学公式表示出来，并通过实验数据确定方程式中的常数 a 和 b，其中 a 表示直线在 y 轴上的截距，b 表示直线的斜率。

$$y_i = a + bx_i \tag{2-19}$$

式中：y_i——变量 y 的回归值；

　　a、b——待定系数，又称回归系数。

对于 n 组数据，会出现多条直线，最终用哪条直线来描述两个变量间的关系，是一个待确定的问题。通常考虑用据观察点最近的一条直线来代表两变量间的关系，此时得出的直线与实际数据的误差比其他直线都小。根据这一原则确定直线中的待定系数的方法称为最小二乘法。

如图 2-2 所示，某实验所得到的因变量 y 随自变量 x 的 n 组测量值 (x_i, y_i)，且假定自变量 x_i 不存在测量误差，只有 y 存在随机误差，若将误差记为 ε_i，将实验数据带入方程组(2-20)，得到：

$$\left. \begin{array}{l} y_1-(a+bx_1)=\varepsilon_1 \\ y_2-(a+bx_2)=\varepsilon_2 \\ \qquad\vdots \\ y_n-(a+bx_i)=\varepsilon_n \end{array} \right\} \tag{2-20}$$

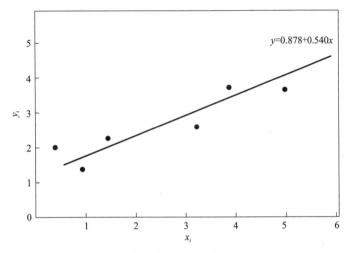

$$y=0.878+0.540x$$

图 2-2　实验因变量与自变量关系示意图

方程组(2-20)中的 a 和 b 应满足各组中的误差 ε_1，ε_2，$\cdots$，ε_n 的数值都比较小，但是每次测量的误差很难相同，而且符号 ε_1，ε_2，$\cdots$，ε_n 也不相同，所以用总偏差来代表最小值，即：

$$\sum_{i=1}^{n} \varepsilon_i^2 \to \min \tag{2-21}$$

令

$$S = \sum_{i=1}^{n} \varepsilon_i^2 = \sum_{i-1}^{n} (y_i - a - bx_i)^2 \tag{2-22}$$

使 S 最小的条件为：

$$\frac{\partial S}{\partial a}=0, \ \frac{\partial S}{\partial b}=0, \ \frac{\partial^2 S}{\partial a^2}>0, \ \frac{\partial^2 S}{\partial b^2}>0 \tag{2-23}$$

由一阶微商为零得：

$$\left. \begin{array}{l} \dfrac{\partial S}{\partial a} = -2\displaystyle\sum_{i-1}^{n} (y_i - a - bx_i) = 0 \\[4mm] \dfrac{\partial S}{\partial b} = -2\displaystyle\sum_{i-1}^{n} (y_i - a - bx_i) = 0 \end{array} \right\} \tag{2-24}$$

解方程组(2-24)得：

$$a = \frac{\sum_{i=1}^{n} x_i \sum_{i=1}^{n} (x_i y_i) - \sum_{i=1}^{n} x_i^2 \sum_{i=1}^{n} y_i}{\left(\sum_{i=1}^{n} x_i\right)^2 - n \sum_{i=1}^{n} x_i^2} \tag{2-25}$$

$$b = \frac{\sum_{i=1}^{n} x_i \sum_{i=1}^{n} y_i - n \sum_{i=1}^{n} (x_i y_i)}{\left(\sum_{i=1}^{n} x_i^2\right)^2 - n \sum_{i=1}^{n} x_i^2} \tag{2-26}$$

令 $\bar{x} = \frac{1}{n} \sum_{i=1}^{n} x_i$, $\bar{y} = \frac{1}{n} \sum_{i=1}^{n} y_i$, $\bar{x}^2 = \left(\frac{1}{n} \sum_{i=1}^{n} x_i\right)^2$, $\overline{x^2} = \frac{1}{n} \sum_{i=1}^{n} x_i^2$, $\overline{xy} = \frac{1}{n} \sum_{i=1}^{n} (x_i y_i)$

则

$$a = \bar{y} - b\bar{x} \tag{2-27}$$

$$b = \frac{\bar{x} \cdot \bar{y} - \overline{xy}}{\bar{x}^2 - \overline{x^2}} \tag{2-28}$$

如果已知变量间的关系是线性的,则实验数据整理可按上述最小二乘法拟合(又称一元线性回归)可解得斜率 a 和截距 b,从而得出回归方程。如果需通过实验数据来寻求变量之间的经验公式,常用公式(2-29)判断其是否满足一元线性回归方程。

$$r = \frac{\overline{xy} - \bar{x} \cdot \bar{y}}{\sqrt{(\overline{x^2} - \bar{x}^2)(\overline{y^2} - \bar{y}^2)}} \tag{2-29}$$

其中

$$\bar{y}^2 = \left(\frac{1}{n} \sum_{i=1}^{n} y_i\right)^2, \quad \overline{y^2} = \frac{1}{n} \sum_{i=1}^{n} y_i^2$$

可以证明, $|r|$ 值总是在 0 和 1 之间。当 $|r|$ 值接近 1 时,表示变量 x, y 完全线性相关,拟合直线通过全部的实验点。当 $|r|$ 越小时,线性越差,一般当 $|r| \geq 0.9$ 时,就可认为两个物理量之间为线性关系,此时,说明用一元二次直线法拟合是合理的。

3. 利用线性变换的一元线性回归分析

在实验中两变量之间除存在线性关系,还存在非线性的关系,即存在某种曲线关系,有时可以通过变量代换,将曲线问题转化为线性问题处理,这样就可以利用一元线性回归方程整理实验数据。

(1)双曲线函数:

$$\frac{1}{y} = a + \frac{b}{x} \tag{2-30}$$

令 $x' = \frac{1}{x}$, $y' = \frac{1}{y}$,则有 $y' = a + bx'$。

(2)幂函数:

$$y = ax^2 \tag{2-31}$$

令 $y' = -\lg x$, $x' = \lg x$, $a' = \lg a$,则有 $y' = a' + bx'$。

(3)指数函数:

$$y = ae^{bx} \tag{2-32}$$

令 $y' = \ln y$, $a' = \ln a$, 则有 $y' = a' + bx$。

(4) 负指数函数:

$$y = a\mathrm{e}^{\frac{b}{x}} \tag{2-33}$$

令 $y' = \ln y$, $x' = \dfrac{1}{x}$, $a' = \ln a$, 则有 $y' = a' + bx'$。

(5) 对数函数:

$$y = a + b\ln x \tag{2-34}$$

令 $x' = \ln x$, 则有 $y' = a + bx'$。

(6) S 形曲线:

$$y = \frac{1}{a + b\mathrm{e}^{-x}} \tag{2-35}$$

令 $y' = \dfrac{1}{y}$, $x' = \mathrm{e}^{-x}$, 则有 $y' = a + bx'$。

4. 多元线性回归分析

实际中因变量往往受多个自变量的影响, 我们把因变量 y 受多个自变量影响的回归分析称为多元回归分析。多元回归分析有多元线性回归分析和多元非线性回归分析, 在此仅讨论常用的多元线性回归分析。

多元线性回归方程一般形式为:

$$y_k = b_0 + b_1 x_{k1} + b_2 x_{k2} + \cdots + b_m x_{km} + \varepsilon_k \tag{2-36}$$

式中: y——研究总体的因变量, y_k 是变量 y 的具体值;

x_1, x_2, $\cdots$, x_m——总体的自变量, x_{k1}, x_{k2}, $\cdots$, x_{km} 是总体自变量的一组观测值。

与一元线性回归一样, 要想获得多元线性回归方程中的回归系数, 需使配合的方程其误差的平方和为最小, 即公式 (2-37) 中 Q 为最小。

$$Q = \sum (y_k - b_0 - b_1 x_{k1} - \cdots - b_m x_{km})^2 \tag{2-37}$$

可分别求偏导数并使之等于 0。

$$\frac{\partial Q}{\partial b_0} = 0, \ \frac{\partial Q}{\partial b_1} = 0, \ \cdots, \ \frac{\partial Q}{\partial b_k} = 0 \tag{2-38}$$

解方程 (2-38) 得:

$$\left. \begin{array}{l} \sum (y_k - b_0 - b_1 x_{k1} - \cdots - b_k x_{km}) = 0 \\ \sum (y_k - b_0 - b_1 x_{k1} - \cdots - b_k x_{km}) x_{k1} = 0 \\ \qquad\qquad \vdots \\ \sum (y_k - b_0 - b_1 x_{k1} - \cdots - b_k x_{km}) x_{km} = 0 \end{array} \right\} \tag{2-39}$$

整理得, 以 b_1, b_2, $\cdots$, b_m 为未知数的 m 阶正规方程:

$$\left. \begin{array}{l} s_{11} b_1 + s_{12} b_2 + \cdots + s_{1m} b_m = s_{1y} \\ s_{21} b_1 + s_{22} b_2 + \cdots + s_{2m} b_m = s_{2y} \\ \qquad\qquad \vdots \\ s_{m1} b_1 + s_{m2} b_2 + \cdots + s_{mm} b_m = s_{my} \end{array} \right\} \tag{2-40}$$

在正规方程中：

$$s_{ij} = s_{ji} = \sum_{k=1}^{n} (x_{ki} - \mu_i)(x_{kj} - \mu_j) \tag{2-41}$$

$$i, j = 1, 2, \cdots, m$$

$$s_{iy} = \sum_{k=1}^{n} (x_{ki} - \mu_i)(y_k - v) \tag{2-42}$$

$$v = \frac{1}{n} \sum_{k=1}^{n} y_k$$

$$\mu_i = \frac{1}{n} \sum_{k=1}^{n} x_{ki}$$

通常假定观测数据的个数 n 大于自变量个数 m，自变量不能用其他自变量线性表示出来，此时正规方程有唯一的解：

$$b_i = \sum_{j=1}^{m} c_{ij} s_{jy} \tag{2-43}$$

其中，c_{ij} 是正规方程系数矩阵的逆矩阵元素，即 $c_{ij} = (s_{jy})^{-1}$

至于回归方程与测量数据点之间符合程度的判别方法请参考相关文献。

第3章　常用测量仪表

在建筑环境与能源应用工程中，需要测量空气温度、空气湿度、物体表面温度、流体的流量、热流量、冷、热媒物理参数以及系统工况等，而完成这些参数及工况的测定需要比较精确的测量仪表和正确的使用方法。

目前常用的热工测量仪表和设备有：温度测量仪表、相对湿度测量仪表、流速测量仪表、压力测量仪表、流量测量仪表、热流量测量仪表和设备等。

另外还有常用的测量重量、时间及电工仪表等。

各种测量仪表所测参数和仪表的结构与原理都不相同，在使用仪器仪表前，应仔细阅读有关产品样本及使用说明，以指导我们能准确、顺利地完成测量，保证仪器仪表的正常工作。

3.1　温度测量

3.1.1　温度的基本概念和测温仪表分类

物质受热程度用其温度表述，温度不能像长度、重量、时间等物理量能直接测量，它是通过观察某些测温物质(如水银、热电偶等)在受热时物理性质的变化而间接确定的。温度常以符号 t 或 T 表示，单位分别为国际实用摄氏温标(符号 t，单位℃)和绝对温度(热力学温度)的开氏温标(符号 T，单位 K)，两者的关系为：

$$t = T - 273.15 \tag{3-1}$$

测定温度的仪表，当测量范围在 550 ℃以下时称为低温温度计，通称为低温计；在 550 ℃以上时称为高温温度计，通称为高温计。按照它们构成的物理性质和作用原理又可分为接触式(测温元件与被测物体接触)和非接触式(测温元件与被测物体不接触)。接触式测温仪表结构简单，成本低，精确可靠，但滞后性较大，测量上限低。非接触式测温仪表测量上限高，且可以测量运动中物体的温度，但误差较大。

3.1.2　玻璃管液体温度计

液体温度计是由玻璃管内所充液体(如水银、酒精等)受热膨胀、受冷收缩来测量温度的。当周围温度变化时,玻璃管内的液体因体积变化而使液面上升或下降,这样可以从标度尺上读出代表温度的数值。它是膨胀式温度计的一种,是液体膨胀式温度计。

表 3–1　温度测量仪表的原理和分类

测量方式	测量原理		温度测量仪表名称
接触式	体积或压力随温度变化	固体热膨胀	双金属温度计
		液体热膨胀	玻璃液体温度计 压力式(充液体)温度计
		气体热膨胀	压力式温度计
	热电势随温度变化	廉金属热电偶	铜–康铜,镍铬–镍硅热电偶等
		贵金属热电偶	铂铑–铂热电偶等
	电阻随温度变化	金属热电阻	铂、铜、镍电阻
		半导体热敏电阻	锗、碳、金属氧化物等半导体热敏电阻
非接触式	辐射测温	亮度法	光学高温计
		辐射法	辐射温度计(热电堆)

通常水银温度计的测温范围为 $-30 \sim +70$ ℃,酒精温度计的测温范围为 $-100 \sim +75$ ℃。建筑环境工程中的温度测定多用水银温度计,下面重点加以介绍。

1. 水银温度计

常用的水银温度计如图 3–1 所示。它主要由温包、毛细管、膨胀器、标尺等组成。按结构不同分为棒式温度计[见图 3–1(a)]和内标式温度计[见图 3–1(b)]。

水银温度计刻度分度值有 2.0 ℃、1.0 ℃、0.5 ℃、0.2 ℃、0.1 ℃等,还有可用于高精度测量的分度值 0.05 ℃、0.02 ℃、0.01 ℃等。

水银温度计具有足够的精度且构造简单、价格便宜,所以应用相当广泛。它的缺点主要有:水银的膨胀系数小,致使其灵敏度低,玻璃管易损坏,无法实现远距离测量,热惰性大等。

使用水银温度计测温时的注意事项:

①按测温范围和精度要求选择相应温度计,并进行校验。

②因为水银温度计的热惰性大,所以温度计一般应置于被测介质中 10 ~ 15 min 后才能读数。

③观测温度值时,人体应离开温度计,更不要对着温度计的温包呼气。

④为了消除人体温度对测温的影响,读数时要快,并且要先读小数后读大数,这样较为准确。

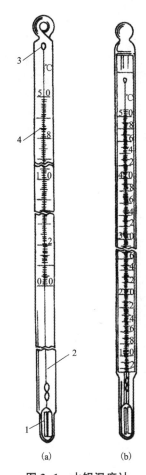

图 3-1 水银温度计

(a)棒式温度计；(b)内标式温度计

1—温包；2—毛细管；3—膨胀器；4—标尺

另外，读数时应使我们的眼睛和刻度线、水银面保持在一个平面上，以免因眼睛位置高低而产生读值的误差。

⑤有时温度计的水银柱会断开，形成断柱，此时可采取如下办法恢复：

冷却法：将温度计温包置于冰水中，使水银全部回到温包里，断柱即可消除。

加热法：将温包置于热水中慢慢加热，水银柱升高并进入膨胀器内，在水银柱升高的过程中断柱即可消除，这时应立即从热水中取出温度计。要注意的是水银不能充满膨胀器内，否则将胀坏温度计。

冲击法。手握空拳用手指夹紧温包上部，温度计呈垂直状，在桌子边沿处将温包让出，用手掌部在桌子上冲击，断柱即可消除。冲击时力度要适当，并注意保护好温度计。

用以上方法消除断柱后，温度计应校验以后方可再用。

2. 电接点式玻璃管水银温度计

电接点式水银温度计是在普通水银温度计的基础上加两根电极接点制成的，其构造如

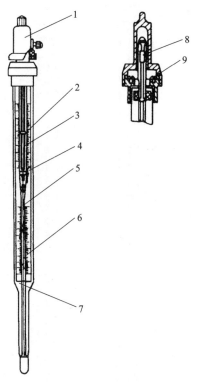

图 3-2　电接点式玻璃管液体温度计

1—磁钢；2—指示铁；3—螺旋杆；4—钨丝引出端；5—钨丝；

6—水银柱；7—钨丝接点；8—调节控制温度的铁芯；9—引出接线柱

图 3-2 所示。钨丝触点(7)烧结在温度计下部毛细管中与水银柱(6)接触作为电接点的固定端，钨丝(5)插在温度计上部毛细管中作为电接点的另一端。

电接点温度计大多做成可调式。可调式是上部那根钨丝可用磁钢来调节其插入毛细管的深度，即可调节控制的温度值。以恒定加热温度为例，当被加热介质的温度达到控制温度时，水银柱上升到该位置即与上部那根钨丝接触，由继电器控制使加热器停止工作，当温度下降至低于控制温度时，水银柱下降，与上部那根钨丝离开，由继电器控制使加热器投入工作，经反复动作，控制温度值保持在一个允许范围内。

3.1.3　双金属温度计

双金属温度计也是膨胀式温度计，是固体式膨胀温度计，通常做成自记式温度计，广泛用于室内外温度的测定。

双金属温度计的感温元件是由两种膨胀系数不同的金属片焊接或挤压在一起构成的。当周围空气温度发生变化时，双金属片因膨胀的程度不等便会出现弯曲，其弯曲程度与空气温度变化的大小成正比。双金属自记式温度计的原理如图 3-3 所示。双金属片弯曲后所产生的位移通过杠杆(3)带动记录笔(4)将所测温度的连续变化记录在记录纸上。

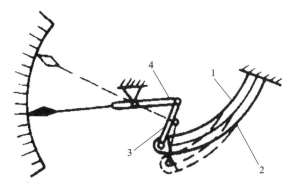

图 3-3　双金属自记式温度计原理图

1—金属片(有较大膨胀系数)；2—金属片(有较小膨胀系数)；3—杠杆；4—记录笔

根据双金属片的特性，它还被应用于诸如空调房间的双位调节、某些机电设备的过流保护上。

使用时，仪器水平放置于测点处，应防止其他热源的干扰。长期测定室外温度时应置于百叶箱内，临时测定应采取遮阳措施，还应避免无关人员随意触动。

记录纸在填写测定时间后平整牢固地装在记录筒上，防止记录纸在测定中移位。记录笔与记录纸不要靠得太紧，以免引起记录的误差，应随时注意笔内有无墨水，将笔尖对正测量时刻的标线，上足自记钟发条，即可开始测量记录。双金属片应保持清洁，防止弄脏，并禁止碰撞。

仪器在出厂时一般均做过校验，但随着时间的增加，频繁地搬动等原因，其指示温度会出现误差。所以在使用前应用分度值为 0.1 ℃的水银温度计进行校验，如果存在误差可调整调节螺丝，使指示温度值与水银温度计示值相符。

因该仪器一般为日记式或周记式，因此自记钟走时不准会使测量产生很大的误差，所以也应随时用标准钟校验自记钟。自记钟内有调节针，可将走时调快或调慢，直到调准。

3.1.4　热电偶温度计

1.热电效应和热电偶测温原理

热电偶作为测温元件，它与测量仪表组成的测温系统称为热电偶温度计。

将 A、B 两种不同材质的金属导体的两端焊接成一个闭合回路，如图 3-4 所示。若两个接点处的温度不同，闭合回路中就会有热电势产生，这种现象称为热电效应。两点间温差越大则热电势越大，我们在回路内接入毫伏表，它将指示出热电势的数值。热电偶温度计就是根据这个关系来测量温度的。这两种不同材质的金属导体的组合体就称为热电偶，热电偶温度计的热电极有正(+)、负(-)之分。

当 $T_1 > T_2$ 时，电流方向如图 3-4 中箭头所示，在热端(T_1)和冷端(T_2)所产生的等位电势分别为 E_1、E_2，此时回路中的总电势为：

$$E = E_1 - E_2 \tag{3-2}$$

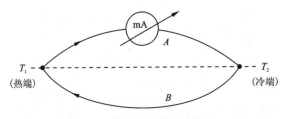

图 3-4　热电偶温度计原理图

当热端温度 T_1 为测量点的实际温度时，为使 T_1 与总电势 E 之间具有一定关系，我们令冷端温度 T_2 不变，即 $E_2 = K$（常数），这样回路中的总电势为：

$$E = E_1 - K \qquad\qquad (3-3)$$

回路中产生的热电势仅是热端温度 T_1 的函数。

当冷端温度 $T_2 = 0\ ℃$ 时，我们可得出图 3-5 这样的热电势-温度特性曲线。

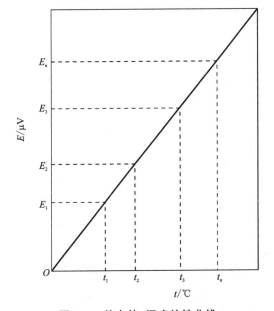

图 3-5　热电势-温度特性曲线

根据上述原理，我们可以选择到许多反应灵敏准确、使用可靠耐久的金属导体来制作热电偶。本专业测温用热电偶种类较多，现以铜-康铜热电偶为例加以介绍。

2. 铜-康铜热电偶

一般热电偶具有结构简单、使用方便、测量精度高、测量范围广等优点。我们常用的铜-康铜热电偶测温范围为 $-200 \sim +200\ ℃$，当热端温度为 $100\ ℃$ 时，它所产生的热电势为 4.1 mV，也就是温度变化 1 ℃ 时，热电势变化为 0.041 mV。它的热惰性小，能较快反映被测温度的变化。热电偶测温最大的特点是可以远距离传送和自动记录，并且可以把多个热电偶通过转换开关接到仪表上进行集中检测。

在建筑环境中常用的测温范围，铜–康铜热电偶所产生的热电势较小，用毫伏计不易准确测量，所以与铜–康铜热电偶配用的二次仪表通常为高精度的电位差计。

3. 电位差计

电位差计测量热电势的原理如图 3-6 所示。它由热电偶 E_t、检流计 G、工作电源 E、可调电阻 R 组成。当热电偶 E_t 感温产生热电势时，电流 I_t 经 E_t^+—G—A—B—E_t^-，形成闭合回路，这时检流计 G 的指针会发生偏移。

将工作电源 E 接通，工作电流 I 经 E_t^+—A—G—E_t—B—E_t^- 形成闭合回路，其结果也会使检流计 G 的指针在上述偏移的基础上再作正向或反向的偏移，这说明了 I 和 I_t 不平衡，是 $I>I_t$，或者 $I<I_t$ 的结果。若要使检流计 G 的指针在零点不动，则需根据热电势的大小来改变 B 在可调电阻 R 上的位置。也就是使电阻 R 产生的平衡电压降与所测热电势相等，此时，热电势为：

$$E_t = IR_{AB} \tag{3-4}$$

当已知 R_{AB}，工作电流 I 为定值时，即可按式(3-4)求出热电势。这就是电位差计(或称平衡补偿法)测量热电势的原理。

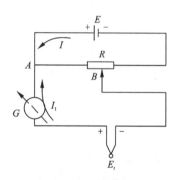

图 3-6　电位差计测量电势原理图(一)

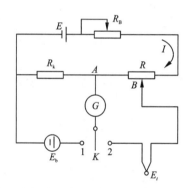

图 3-7　电位差计测量电势原理图(二)

为使工作电流 I 保持定值，电位差计设计了电流标准化电路，如图 3-7 所示，增加了标准电池 E_b 和对工作电流进行调节的可调电阻 R_B。为使工作电流 I 保持定值，用标准电池 E_b 对工作电源 E 的电流进行校准。方法是先将开关 K 打到 1 的位置，调节电阻 R_B，使检流计 G 的指针为零，这时标准电池的电势为：

$$E_b = IR_k \quad \text{或} \quad I = \frac{E_b}{R_k} \tag{3-5}$$

再将开关 K 移到 2 的位置，断开标准电池 E_b，开始测量热电偶 E_t 的热电势。调节电阻 R 的触点 B，同样使检流计 G 的指针为零，此时，热电偶的热电势为：

$$E_t = IR_{AB} \tag{3-6}$$

将式(3-5)代入式(3-6)得：

$$E_t = \frac{E_b}{R_k}R_{AB} = E_b\frac{R_{AB}}{R_k} \tag{3-7}$$

使用电位差计时，E_b、$\dfrac{R_{AB}}{R_k}$ 都可为已知，E_t 很容易从仪器的刻度盘上读出。这就是电位差计测量热电势的一般原理。

常用的高精度电位差计最小分度值可到 0.001 mV。用电位差计测量热电势应有检流计、标准电池、冰水保温瓶等配合。接线时需注意，当测量 0 ℃以上温度时，铜为正极，康铜为负极。测量 0 ℃以下温度时，由于热端的温度低于冷端的温度，故正负极需对调。热电偶测温配用的二次仪表还有数字电压表等。

4. 热电偶校验

因材质的差异，焊点质量的差异，每支热电偶产生的热电势也不尽相同，所以，热电偶在使用之前必须进行校验。校验时，我们可以为每支热电偶绘出其 T-E 特性曲线图，以供测温时使用。校验时应准备好水恒温器、电位差计、冰水保温瓶、标准水银温度计（分度为 0.1 ℃或 0.01 ℃）、坐标纸等。

装置和仪表按图 3-8 所示连接，电位差计接热电偶时请注意不要把极性接错。热电偶的冷端放在装有冰水混合物的保温瓶内，瓶内温度由标准温度计校到 0 ℃。若温度偏高就倒出一点水，加点冰块，反之，若温度偏低就取出点冰块，直到稳定在 0 ℃为止。将热电偶的热端（测温端）与标准温度计一起放到水恒温器中。做好上述准备后即可开启恒温器，使温度自动控制并稳定在某一温度值，这时我们可以从电位差计上读到热电偶对应于该温度产生的热电势值。校验可以从低温开始，如 0 ℃、5 ℃、10 ℃、15 ℃……，其间隔可由需要而设定，温度值并不一定要求为整数，只要拉开间隔且达到稳定即可。温度值由标准温度计读出。这样，对一个热电偶来说就可以取得一组与不同温度对应的热电势值。若同时校验多个热电偶，需将它们编号，分别测量和记录，千万不要搞混。

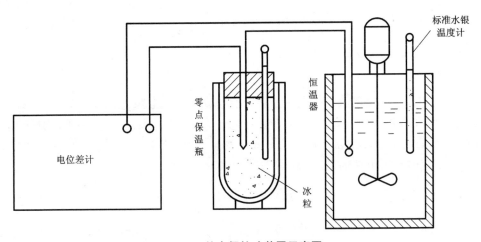

图 3-8 热电偶校验装置示意图

3.1.5 电阻温度计

电阻温度计是由热电阻和指示或自动记录温度的仪表组成。热电阻测温是由导体或半导体在温度变化时,其本身电阻值随着发生变化的特性来实现的。

研究表明多数金属的电阻值随温度的升高而增加,多数电解质、半导体和绝缘体的电阻值随温度的升高而减小。电阻值的变化与所加温度之间保持一定的关系。将电阻与温度变化的等值关系确定后就可以根据电阻值测得温度值。

通常制作热电阻的材质,其电阻值与温度的等值关系可由式(3-8)表示:

$$R_t = R_0(1 + At + Bt^2) \tag{3-8}$$

式中:R_t——所用材质在温度为 t 时的电阻值,Ω;

R_0——所用材质在温度为 0 ℃时的电阻值,Ω;

A、B——所用材质的特性常数。

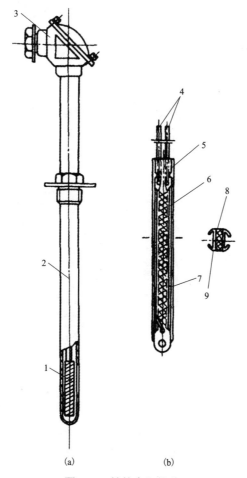

图 3-9 铂热电阻构造

1—感温元件;2—保护层;3—接线盒;4—银导线;
5—瓷管;6—铂丝;7—夹持片;8—绝缘片;9—骨架

（1）铂热电阻

常用的热电阻有铂质和铜质两种。我们以铂电阻为例，其结构如图3-9所示，感温元件为铂丝绕组，它是由直径为0.03~0.07 mm纯度为99.99%的铂丝绕在云母片或陶瓷制成的骨架上组成的。

一般热电阻温度计适用于中、低温且热惰性较大场合的测量，其测温范围为-20~+500 ℃。它测温精度高，并可进行远距离和多点测量。它的灵敏度不及热电偶，不适用于波动大、时间常数小的测温对象。

铂、铜等热电阻配套使用的二次仪表有比率计、不平衡电桥、自动平衡电桥及铂电阻数字温度计等。校验电阻温度计的仪器和设备有标准水银温度计（-500~+500 ℃，分度0.1 ℃）、恒温水浴、标准电阻（20 Ω或100 Ω）、电位差计（精度在0.01 mV）、毫安表（0~10 mA）、调压器、切换开关及连接导线等。

仪器及装置的连线如图3-10所示。用恒温器（1）将电阻温度计（2）加热，并使之恒定在某一温度值，然后调节分压器（5）使毫安表（8）指示的电流值约为4 mA。电流稳定后，将开关（6）拨向标准电阻（4），在电位差计（7）上读得U_s，再立即拨向校验电阻温度计（2），在电位差计上读得U_t。

如已知$U_s = IR_s$，$U_t = IR_t$，因此有

$$R_t = \frac{U_t}{U_s} R_s \tag{3-9}$$

这样，按照电阻和温度的标准等值关系换算出的温度值与标准温度计示值比较后即可求出电阻温度计的误差。为保证校验的准确，在同一温度下重复测定的次数一般不得少于3次，取其平均值。

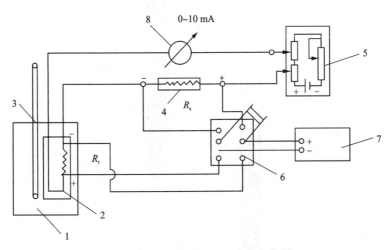

图3-10   电阻温度计校验接线示意图

1—恒温加热装置；2—被校电阻温度计；3—标准温度计；4—标准电阻；

5—调压分压器；6—双闸开关；7—二级电位差计；8—毫安表

（2）半导体热敏电阻

半导体热敏电阻通常由锰、镍、铜、钴、铁等金属氧化物的混合物烧结而成。一般半导体热敏电阻都具有很高的负电阻温度系数，它比一般金属电阻的温度系数大得多。如以氧化镁和氧化镍做配料制成的热敏电阻，其温度系数在 25℃时为-4.4×10^{-2} ℃$^{-1}$，而铂的温度系数在 25 ℃时为$+0.39\times10^{-2}$ ℃$^{-1}$。对于一般的热敏电阻，电阻与温度的关系式可用式（3-10）表示：

$$R_T = R_{T_0} e^{B\left(\frac{1}{T}-\frac{1}{T_0}\right)} \qquad (3-10)$$

式中：R_T——温度为 T 时的电阻值，Ω；

　　　R_{T_0}——温度为 T_0 时的电阻值，Ω；

　　　e——常数，e = 2.718；

　　　B——常数（与热敏电阻的材料、制作工艺有关）。

由于热敏电阻的电阻温度系数大，具有比热电阻更大的输出信号，因而被广泛地应用于中、低温的测量。

半导体点温计即是热敏电阻中的一种，其测量范围分为 0～50 ℃、0～100 ℃、0～150 ℃等几种，分度有 0.5 ℃、1.0 ℃、1.5 ℃等。

3.2　相对湿度测量

空气是由干空气、水蒸气两部分组成的。为了区别于绝对干燥的空气，又把空气称为湿空气。湿度是表征湿空气物理性质的一个非常重要的参数。

湿空气的湿度包括绝对湿度、含湿量、饱和湿度和相对湿度等。

相对湿度是指空气中水蒸气的实际含量接近于饱和的程度，又称饱和度，它以百分数来表示：

$$\varphi = \frac{P_q}{P_{qb}} \times 100(\%) \qquad (3-11)$$

式中：P_q——湿空气中水蒸气分压力，Pa；

　　　P_{qb}——同温度下湿空气的饱和水蒸气分压力，Pa。

空气的相对湿度与人体的舒适与健康，及某些工业产品的质量都有着密切的关系。为此，准确地测定和评价空气的相对湿度是十分重要的。常用的测量仪表有普通干湿球温度计、通风干湿球温度计、毛发湿度计、电阻湿度计等。

3.2.1　普通干湿球温度计

取两支相同的温度计，一支温度计保持原状，它可直接测出空气的温度，称之为干球温度。另一支温度计的温包上包有脱脂纱布条，纱布的下端浸在盛有蒸馏水的容器里，因毛细作用，纱布会保持湿润状态，它测出的温度称之为湿球温度。将它们固定在平板上并标以刻度，附上计算表，这样就组成了普通干湿球温度计，如图 3-11 所示。

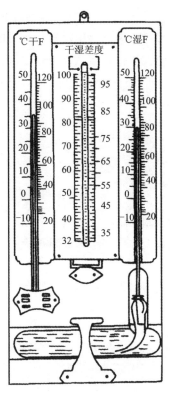

图 3-11　干湿球温度计

湿球温度计温包上包裹的潮湿纱布，其中的水分与空气接触时产生热湿交换。当水分蒸发时，会带走热量使温度降低，其温度值在湿球温度计上表示出来。温度降低的多少取决于水分的蒸发强度，而蒸发强度又取决于温包周围空气的相对湿度。空气越干燥即相对湿度越小时，干湿球两者的温度差也就越大；空气越湿润即相对湿度越大时，干湿球两者的温度差越小并趋于零。

$$P_s - P_q = A(t - t_s)B \tag{3-12}$$

将式(3-11)代入式(3-12)得：

$$\varphi = \left[\frac{P_s - A(t - t_s)B}{P_{qb}}\right] \times 100(\%) \tag{3-13}$$

式中：φ——相对湿度，%；

P_s——湿球温度下饱和水蒸气分压力，Pa；

P_q——湿空气的水蒸气分压力，Pa；

A——与风速有关的系数；

t——空气的干球温度，℃；

t_s——空气的湿球温度，℃；

B——大气压力，Pa；

P_{qb}——同温度下湿空气的饱和水蒸气分压力，Pa。

这样,在测得干湿球温度后,通过计算或查表、查焓湿图(i-d 图),便可求得被测空气的相对湿度。

普通干湿球温度计的使用、校验与玻璃液体温度计相同。

普通干湿球温度计结构简单、使用方便,但周围空气流速的变化,或存在热辐射时都将对测定结果产生较大影响。

3.2.2 通风干湿球温度计

为了消除普通干湿球温度计因周围空气流速不同和存在热辐射时产生的测量误差,设计生产了通风干湿球温度计。

通风干湿球温度计选用两支较精确的温度计,分度值在 0.1~0.2 ℃。其测量空气相对湿度的原理与普通干湿球温度计相同。

通风干湿球温度计有手动式(风扇由发条驱动)和电动式(风扇由微电机驱动)。其温度计刻度范围为 -26~+51 ℃,最小刻度值为 0.2 ℃。它与普通干湿球温度计的主要差别是:在两支温度计的上部装有一个小风扇,可使在通风管道内的两支温度计温包周围的空气流速稳定在 2~4 m/s,消除了空气流速变化的影响,另外在两支温度计温包部还装有金属保护套管以防止热辐射的影响。

湿球温度计温包上包裹的纱布是测定湿球温度的关键,纱布应用干净、松软、吸水性好的脱脂纱布,纱布裁成小条,宽度约为温包周长的 1.25 倍,长度比温包长 20~30 mm。将纱布条单层包在温包上,用细线扎紧温包上端后缠绕至纱布条下部,以保证纱布条不散开。装保护套管时,注意不要把纱布条挤成团。使用中注意纱布不要弄脏,并经常更换。

使用前 15~30 min 将通风干湿球温度计放置于测定场所,观测前 15 min 用滴管将蒸馏水加到纱布条上,不要把水弄到保护套管壁上,以免通风通道堵塞。上述准备工作完毕,即可将风扇发条上满,2~4 min 后通道内风速达到稳定后就可以读取温度值了。

测得干湿球温度后,按仪器所附相对湿度计算表查出被测空气的相对湿度,也可以用前面介绍过的公式进行计算。

3.2.3 毛发湿度计

脱脂处理过的人发其长度可随周围空气湿度变化而伸长或缩短,利用这个特性制作的毛发湿度计有指示型和记录型两种。现以记录型为例,其工作原理如图 3-12 所示。毛发束一般由 40~42 根毛发组成,它固定在有可调螺丝的支架上。当毛发束因周围空气的湿度变化而发生形变时,这个形变由小钩(2)经弧片(4、5)传递给记录笔(6),将相对湿度的变化连续记录下来。

自记式毛发湿度计能自动记录空气相对湿度的变化,有日记式和周记式两种。测量范围为 30%~100%。毛发作为湿度敏感元件具有构造简单、工作可靠、价廉与维护少等特点,适用于环境空气温度为 -35~+45 ℃ 的不含酸性和油腻气体并对精度要求不高($\varphi = \pm 5\%$)的测定中。但毛发也有感湿反应慢、相对湿度与输出位移量间变化不呈线性关系、使用时间过长会出现变形老化等缺点。

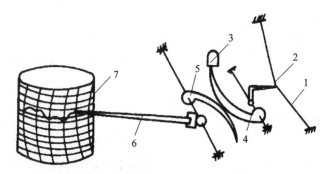

图 3-12　自记式毛发湿度计工作原理
1—脱脂毛发；2—小钩；3—平衡锤；4、5—弧片；
6—记录笔；7—自动记录筒

　　使用中的注意事项除参见双金属温度计的有关要求外，还应注意以下几点：为防止毛发老化变质，毛发湿度计不宜在 70 ℃以上的环境中使用。为保护毛发，切忌用手触摸，如果毛发弄脏了，可用毛笔蘸蒸馏水轻轻洗刷干净。移动时动作要轻，防止将毛发震断。长期不用或搬运时，应将毛发束从小钩上摘下来，使之放松。

　　毛发湿度计在使用前可用通风干湿球温度计进行校验。用毛笔蘸上蒸馏水将毛发全部润湿，反复数次后使指示值大约达到 $\varphi = 95\%$，等待一段时间后，指示值下降并稳定在某一数值。这时用通风干湿球温度计测得的同一状态下空气的相对湿度做比较，若毛发湿度计存在误差，可调整调节螺丝改变毛发束的松紧程度，使指示值与之相符。

3.2.4　电阻湿度计

　　电阻湿度计由测头和指示仪表两部分组成。

　　金属盐氯化锂在空气中具有很强的吸湿性，而吸湿量又与空气的相对湿度有关。空气的相对湿度越大，氯化锂吸湿也越多；反之，空气的相对湿度越小，氯化锂吸湿越少。而氯化锂的导电性随氯化锂的吸湿性能而变化，氯化锂吸湿越多其阻值越小，吸湿越少其阻值越大。氯化锂电阻湿度计就是根据这个特性制成的。其测头如图 3-13 所示。它是在有机玻璃圆形支架上平行缠绕两根铂或铱丝，外表涂上氯化锂溶液形成氯化锂薄膜层。两根电阻丝并不接触，仅靠氯化锂盐层导电形成回路。当测头置于被测空气中，相对湿度变化时，氯化锂中的含水量也要变化，随之

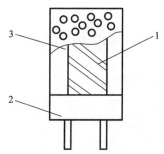

图 3-13　电阻湿度计测头
1—电阻丝；2—底座；3—金属保护罩

两根电阻丝间的电阻也发生变化，将其输入显示仪表即可得出相应的相对湿度值。

　　电阻湿度计测头一般分成几种不同的量程，测量反应快、灵敏度高、测量范围较大，可做远距离测量、自动记录和控制等。

电阻湿度计每一种测头的测量范围是有限的且互换性差。长时间使用后存在老化的问题。测头在高温($t=45\ ℃$)、高湿($\varphi=95\%$)区使用时易于损坏。

测定中应根据具体的测量要求选择合适的测头，除注意使用要求外还需定期更换。为避免测头上氯化锂盐溶液发生电解，电极两端应接交流电而不允许使用直流电。

3.3　流速测量

在建筑环境与能源应用工程中，流体速度是非常重要的一个基本参数。对流速的测定和评价是了解流体流动规律的重要一环，并进而可以取得流体的体积流量、质量流量及动压等重要的相关参数，因此对这一参数的测量在本专业技术领域中具有重要意义。流速单位常以 m/s 表示。

流体流动速度的测量方法常用的有机械方法，如叶轮风速仪等；有测量流体中受热物体的散热率法，如卡他温度计、热线风速仪和热球风速仪等；有测定流体的压力和温度后再计算出流速的，如测压管等。由于测压管仪器简单，使用方便，又具有较完善的理论基础，因此，目前它在管内流体的流速测量方面得到最广泛的应用。随着现代科学技术的发展，激光、超声波等先进的测速技术也因其操作便捷、读数直接、携带方便在实际工程中开始得到了推广。

本节主要介绍机械法、散热率法和动力测压法的基本原理与测量技术。

3.3.1　叶轮风速仪

叶轮风速仪由叶轮和计数机构组成，它是以气流动压力推动机械装置来显示风速的仪表。风速仪的敏感元件为轻型的叶轮，通常用金属铝制成。叶轮分翼形和杯形两种。

翼形叶轮的叶片由几个扭转一定角度的薄铝片组成；杯形叶轮的叶片为铝制的半球形叶片，如图 3-14 所示。

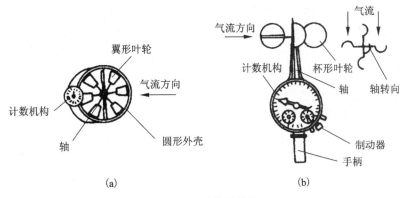

图 3-14　叶轮风速仪
(a)翼形风速仪；(b)杯形风速仪

当气流流动的动压力作用于叶片上时，叶轮会产生旋转运动，其转速与气流速度成正比。叶轮的转速经轮轴上的齿轮传递给指示或计数设备，它们表示的数值实际上是指轮轴转动的距离(s)。翼形叶轮风速仪的灵敏度为 0.5 m/s，杯形叶轮风速仪的叶轮因结构牢固，机械强度大，测量范围为 1~20 m/s。它们广泛应用于通风、空调的风速测定中。

叶轮风速仪有内部自带计时装置的，若有效计时为 1 min 时，指示值即为每分钟的风速，进而可计算得到每秒的风速值。

叶轮风速仪也有不带计时装置的，测定中可用秒表计时。操作中要求两者开停要一致，以保证测定的准确。此时，风速按式(3-14)计算：

$$v = \frac{s}{\tau} \tag{3-14}$$

式中：v——测点的风速值，m/s；

　　　s——叶轮风速仪指针值，m；

　　　τ——叶轮风速仪的有效测定时间，s。

叶轮风速仪测量的准确性与操作者的熟练程度有很大关系。使用前应检查风速仪的指针是否在零位，开关是否灵活可靠。测定时必须将叶轮风速仪全部置于气流中，气流方向应垂直于叶轮的平面，否则将引起测量误差。当气流推动叶轮转动 20~30 s 后再启动开关开始测量。测定完毕应将指针回零。读得风速值后还应在仪器所附的校正曲线上查得实际的风速值。

叶轮风速仪测得的是测定时间内风速的平均值。因此，它不适于测定脉动气流和气流的瞬时速度。

3.3.2　卡他温度计

卡他温度计是用来测定空气微小流速的仪器，将温度计的温包加热以后放置于测定地点，以温包散热所需的时间来确定空气的流速。

卡他温度计是一支酒精温度计，如图 3-15 所示。温包为圆柱形，容积较一般温度计大得多(长约 40 mm，直径约 16 mm)，内充带有颜色的酒精。毛细管顶端连有一瓶状空腔。温度计刻度为 35 ℃和 38 ℃两个点，其平均值恰好为人体温度(36.5 ℃)。

卡他温度计测速范围在 0.05~0.5 m/s。目前工程上很少使用，仅应用于实验室做微小风速时的测量。

首先，将卡他温度计的温包放在不高于 70 ℃的热水中加热(酒精的沸点为 78 ℃)，使酒精上升到端部空腔里约二分之一处。擦干温包上的水，把温度计放在被测气流中，用秒表记录下酒精柱从 38 ℃下降到 35 ℃所需要的时间。

卡他温度由 38 ℃降到 35 ℃的过程中，温包向空气中散发的热量是固定的，但所需要的时间则由周围空气的温度、湿度和空气流动速度所决定，其中主要因素为空气的流动速度。当温度由 38 ℃降到 35 ℃时，温包上每平方厘米面积所散失的热量称为卡他温度计的冷却系数 $F[\text{cal}/(\text{cm}^2 \cdot 3 \text{℃})]$。每一支温度计因制作的原因，其 F 值是不等的，出厂时都分别给予标示。空气的冷却能力为：

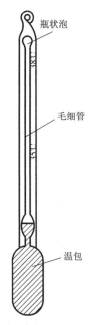

图 3-15　卡他温度计

$$H = \frac{F}{\tau} \tag{3-15}$$

式中：H——空气的冷却能力，$cal/(cm^2 \cdot 3℃ \cdot s)$；

　　　F——卡他温度计的冷却系数，$cal/(cm^2 \cdot 3℃)$；

　　　τ——温度由 38 ℃降到 35 ℃所需的时间，s。

　　测定中为避免对测点气流产生干扰，动作要轻，不得任意走动。温包的加热温度不可过高，酒精充入上部空腔不可太满，否则将会损坏温度计。测定前一定要擦干温包上的水，不然在散失热量中也包括了水蒸发所带走的一部分热量，会使测定产生误差。

3.3.3　热电风速仪

　　热电风速仪由测头和指示仪表组成，测头内有电热线圈(或电热丝)和热电偶，当热电偶焊接在电热丝的中间时，称为热线式热电风速仪，简称为热线风速仪；当热电偶与电热线圈不接触，以玻璃球固定在一起时，称为热球式热电风速仪，简称为热球风速仪。两者除测头外其余部分基本相同。热球风速仪的构成原理如图 3-16 所示，它具有两个独立的电路：一个是电热线圈回路，串联有直流电源 E(一般为 2~4 V)，可调电阻 R 和开关 K，在电源电压一定时，调节电阻 R 即可调节电热线圈的温度；另一个是热电偶回路，串联一支微安表可指示在电热线圈的温度下与热电势相对应的热电流的大小。

　　电热线圈(镍铬丝)通过额定电流时温度升高并加热玻璃球，由于玻璃球体积很小(直径约为 0.8 mm)，我们可以认为电热线圈与玻璃球的温度是相同的。热电偶产生热电势，相对应的热电流由仪表指示出来。玻璃球的温升、热电势的大小均与气流的速度有关，气流速度

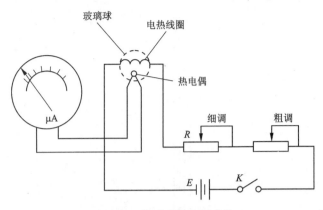

图 3-16　热球式热电风速仪

越大，玻璃球散热越快，温升越小，热电势也就越小；反之，气流速度越小，玻璃球散热越慢，温升越大，热电势也就越大。热球风速仪即根据这个关系在指示仪表盘上直接标出风速值，测定时将测头放在气流中就可直接读出气流的速度来。

　　热球风速仪操作简便、灵敏度高、反应速度快，测速范围有 0.05~5 m/s、0.05~10 m/s、0.05~20 m/s 等几种。正常使用条件为温度 $t = 10~40$ ℃，相对湿度 $\varphi < 85\%$。它既能测量管道内风速，也可测量室内空间的风速。但是，它的测头连线很细，容易损坏而不易修复。

　　使用仪表前应熟悉了解仪表的操作要求。调校仪表时，测头一定要收到套筒内，测杆垂直头部向上，以保证测头在零风速状态下。测定时应将标记红色小点一面迎向气流，因为测头在风洞中标定时即为该位置。风速仪指针在某一区间内摆动，可读取中间值，如果气流不稳定，可参考指示值出现的频率来加以确定。测得风速值后应对照仪表所附的校正曲线进行校正。

　　测定中，应时刻注意保护好测头，严禁用手触摸，并防止与其他物体碰撞，测定完毕应立即将测头收到套筒内。

　　仪表精度的校验应在多普勒激光测速仪上进行。通常可在标准风洞中进行。

3.3.4　动压测速

　　流体的流速也可以通过测量压力经计算得到。流体的压力是指垂直作用于单位面积上的力，有全压、静压和动压。

　　动压测速的压力感受元件为测压管。测压管分为全压管、静压管和动压管。测压系统由测压管、连接管和显示、记录仪表组成。测压管测得动压后经计算求得流体的流速。测压管既可对液体流动进行测量，又可对气体流动进行测量。

1. 普通测压管

　　将测压管置于气流中，如图 3-17 所示。测压管头部 B 点处由于气流的绕流而完全滞止，产生临界点，气流速度等于 0，B 点的压力为滞止压力（即全压）。根据不可压缩流体的伯努里方程式，A、B 两点间的关系为：

$$P_{j}+\frac{1}{2}\rho v^{2}=P_{j1}+\frac{1}{2}\rho v_{1}^{2} \tag{3-16}$$

式中：P_{j}、P_{j1}——A、B 点的静压，Pa；

ρ——空气的密度，kg/m；

v、v_{1}——A（即测点）、B 点的气流速度，m/s。

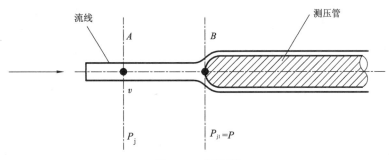

图 3-17　测压管

因为 $v_{1}=0$，故 $P=P_{j1}$。

$$P=P_{j}+\frac{1}{2}\rho v^{2} \tag{3-17}$$

$$v=\sqrt{\frac{2}{\rho}(P-P_{j})} \tag{3-18}$$

$$\rho=\frac{P_{B}}{287(273.15+t_{n})} \tag{3-19}$$

式中：P——B 点的全压力，Pa；

P_{B}——当地大气压力，Pa；

t_{n}——管道内空气温度，℃。

公式（3-18）中的（$P-P_{j}$）即为该测点的动压值。我们测得动压值、空气温度、大气压力，可计算求得气流速度。此为动压测速法。

但是实际上流体流经测压管头部时总有能量损失，应给予修正，即：

$$v=\sqrt{\frac{2}{\rho}(P'-P_{j}')\xi} \tag{3-20}$$

$$\xi=\frac{P-P_{j}}{P'-P_{j}'} \tag{3-21}$$

式中：P'、P_{j}'——测压管全压孔、静压孔读数，Pa；

P、P_{j}——测点真实的全压和静压（由风洞实验确定），Pa；

ξ——测压管的校正系数。

经合理设计的标准测压管，ξ 值可保持在 1.02～1.04 的范围内，且在较大马赫数（M）、雷诺数（Re）范围内保持一定值。

当气流的马赫数 $M>0.25$ 时，应考虑气体的压缩性，此时气流速度为：

$$v=\sqrt{\frac{2}{\rho}\frac{(P'-P_j')}{1+\varepsilon}\xi}$$

(3-22)

式中：ε——气体的可压缩性系数。

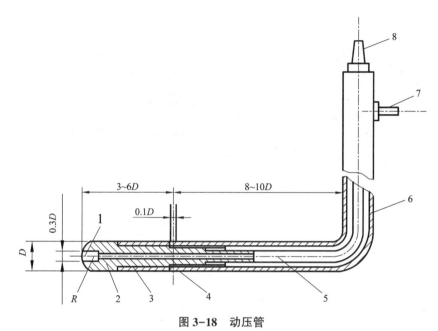

图 3-18　动压管

1—全压测孔；2—感测头；3—外管；4—静压测孔；
5—内管；6—管柱；7—静压引出接管；8—全压引出接管

标准动压测压管的结构如图 3-18 所示。在测头顶端开有全压测孔(1)，由内管(5)接至全压引出接管(8)。在水平测量段的适当位置开有静压测孔或条缝(4)，由外管(3)接至静压引出接管(7)。实际上它是由静压测管套在全压测管外构成的。这种动压测压管又简称为比托管。

国际标准化组织(ISO)规定测压管使用范围上限不得超过相当于马赫数 $M=0.25$ 时的流速，下限则要求被测量的流速在全压测孔直径上的雷诺数 $Re>200$，以避免造成大的误差。

测压管应尽可能与气流方向一致，当两者偏离超过±(6°~8°)时，将会产生附加的测量误差。因此正确操作显得十分重要。

使用时根据需要与压力计连接后即可测得全压、静压和动压。

还有一种可以自制的针状比托管(其测量段系用注射针头做成)，是专门用来测量孔板送风口处压力的测压管。

2. S 形测压管

普通的测压管若用于测量含尘气体时，测孔易被堵塞，造成测量误差，或者根本无法使用。这时可采用 S 形测压管，其形状如图 3-19 所示。它由两根相同的金属管组成，端部为两个方向相反而开孔面又相互平行的测孔。测定时，一个孔口面正对气流，即与气流方向垂直，测得的是全压。另一个孔口面背向气流，测得的是静压，由于 S 形测压管的开孔面积较大，减少了被粉尘堵塞的可能，可保证测定的正常进行。

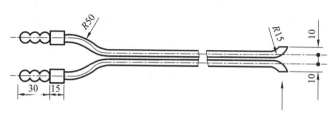

图 3-19　S 形测压管

　　S 形测压管的测孔具有方向性，使用时应与校正时的方向一致。当被测流速较低时，测量误差相应加大。

　　3. 测压管的校正

　　无论是普通测压管还是 S 形测压管，使用前必须校正。尤其是 S 形测压管背向气流的测孔处有涡流影响，使得测定值大于实际值。不同的 S 形测压管修正系数不同，即使同一根 S 形测压管在不同的流速范围内修正系数也略有变化。通常在风洞中用标准测压管进行校正，流速范围为 5~20 m/s，修正可采用风速修正系数：

$$K = \frac{v_0}{v} \qquad\qquad (3-23)$$

式中：K——测压管风速修正系数；

　　　　v_0——标准测压管测得的风速值，m/s；

　　　　v——被校测压管测得的风速值，m/s。

3.4　压力测量

　　在建筑环境与能源应用工程中，经常需要对各种系统及设备中有关介质(空气、水、蒸汽、氨、氟利昂等)的压力进行测量及自动调节。例如通风管道中的气流速度及流量需通过测定动压力及静压力而获得，制冷机组在运行过程中需要测量蒸发器压力及冷凝器压力等等。通过这些压力测量才能对设备或系统进行合理的操作和调节，使其运行工况保持在正常安全要求范围内。所以压力是本专业范围内各种系统和设备的实验研究、运行调试中一个重要的热参数。

　　工程上将垂直作用在物体单位面积上的压强称为压力。压力分绝对压力和工作压力，其关系为：

$$p = P - B \qquad\qquad (3-24)$$

式中：p——工作压力。也称表压，Pa；

　　　　P——绝对压力，Pa；

　　　　B——大气压力，Pa。

　　压力测量仪表以大气压力为基准，测量大气压力的仪表称为气压计，测量压力超过大气压力的仪表称为压力计，测量压力小于大气压力的仪表称为真空计，但我们通常将它们简称为压力计或压力表。压力计根据使用要求的不同有指示、记录、远传变送、报警、调节等多种型式，按其测压转换原理又有平衡式、弹簧式和压力传感器等几种类型。压力表的精度等级从 0.005 到 4.0 级，应根据测定的目的要求做适当的选择。

某些压力计又需与测压管配合使用。

3.4.1 液柱式压力计

液柱式压力计是以一定高度的液柱所产生的静压力与被测介质的压力相平衡来测定压力值的。常用工作液体有水、水银、酒精等。因其构造简单，使用方便，广泛应用于正、负压和压力差的测量中，在 ±1.01325×10^5 Pa 的范围内有较高的测量准确度。

1. U 形管压力计

U 形管压力计是将一根直径相同的玻璃管弯成 U 形，管中充注液体(水或水银等)，如图 3-20 所示。当管子一端为被测压力 P，另一端为大气压力 B，且 $P>B$ 时，P 侧的液柱下降，B 侧的液柱上升。当两侧压力达到平衡时，由流体静力学可知，等压面在 2—2 处，其平衡方程式如下：

$$P = B + \rho g(h_1 + h_2) = B + \rho g h \tag{3-25}$$

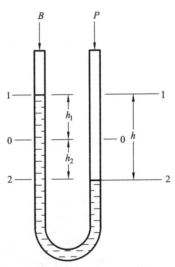

图 3-20　U 形管压力计

P—被测绝对压力；B—大气压力

被测工作压力为

$$p = P - B = \rho g h \tag{3-26}$$

式中：P——被测绝对压力，Pa；

B——大气压力，Pa；

ρ——工作液体的密度，kg/m³；

g——重力加速度，m/s²；

h_1、h_2——管中工作液体上升和下降的高度，m；

h——液柱高差，m；

p——被测工作压力（表压力），Pa。

从上述公式可以看出，当管内工作液体的密度为已知时，被测压力的大小即可由工作液体柱的高差 h 来表示。

当用 U 形管压力计测量液体压力时（如图 3-21 所示），应考虑工作液体上面液柱产生的压力，若两侧管中工作液体上面的液体的密度分别为 ρ_1、ρ_2，对等压面 2—2 平衡方程式为：

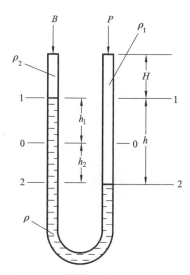

图 3-21　测量液体时 U 形管压力计

P—被测绝对压力；B—大气压力

$$P+\rho_1 g(H+h)=B+\rho_2 gH+\rho gh \qquad (3-27)$$

其工作压力为：

$$p=P-B=(\rho_2-\rho_1)gH+(\rho-\rho_1)gh \qquad (3-28)$$

式中：ρ_1、ρ_2——工作液体上面液体的密度，kg/m^3；

H——测压点距 B 侧工作液体面的垂直距离，m。

测量同一种介质的压力差时，因 $\rho_1=\rho_2$，式（3-28）可写为

$$\Delta P=(\rho-\rho_1)gh \qquad (3-29)$$

式中：ΔP——两侧压力之差，Pa。

从式（3-29）可以看出，当被测压力为一定值时，U 形管压力计液柱高差 h 与工作液体的密度差成反比，这样选择密度较小的工作液体可提高 U 形管压力计的测量灵敏度。

U 形管压力计的组成如图 3-22 所示。标尺零位在中间。

U 形管压力计的测量范围，以水为工作液体时一般为 $0 \sim \pm 7.8 \times 10^3$ Pa，以水银为工作液体时一般为 $0 \sim \pm 7.8 \times 10^5$ Pa。它适于测量绝对值较大的全压、静压，不适于测量绝对值较小的动压。

测压前首先将工作液体充入干净的 U 形管压力计中，调整好液面高度，使之处于零位。选择距测压点较近且不受干扰、碰撞的地方将 U 形管压力计垂直悬挂牢固。测量时，将被测点的压力用胶管接到压力计的一个接口，另一个接口与大气相通，若测量压差时，将两个测

点的压力分别接到压力计的两个接口上。读数时，视线应与液面平齐，液面以顶部凸面或凹面的切线为准。测定完毕，应将工作液体倒出。

由于 U 形管压力计两侧玻璃管的直径难于保证完全一样，图 3-20 和图 3-21 中 $h_1 \neq h_2$，因此，必须分别读取两边的液面高度值，然后相加得到 h。这样消除了两侧管子截面不等带来的误差，但两次读数又增加了读值的误差。

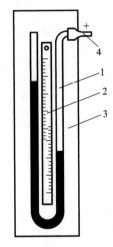

图 3-22　U 形管压力计

1—U 形玻璃管；2—刻度尺；3—固定平板；4—接头

2. 单管式压力计

为了克服 U 形管压力计测压时需两次读数的缺点，出现了方便读数、减少读数误差的单管式压力计。单管式压力计的工作原理与 U 形管压力计相同，它以一个截面积较大的容器取代了 U 形管中的一根玻璃管，如图 3-23 所示。

因为 $h_1 f = h_2 F$，所以

$$h_2 = h_1 \frac{f}{F} \tag{3-30}$$

$$p = \rho g h = \rho g (h_1 + h_2) = \rho g h_1 \left(1 + \frac{f}{F}\right) \tag{3-31}$$

由于 $F \gg f$，故 $\dfrac{f}{F}$ 可忽略不计。

$$p = \rho_1 g h_1 \tag{3-32}$$

式中：h_1、h_2——工作液体在玻璃管内上升和在大容器内下降的高度，m；

　　　　f、F——玻璃管和大容器的截面积，m^2。

因此，当工作液体密度一定时，只需一次读取玻璃管内液面上升的高度 h_1，即可测得压力值。

单管式压力计的测量范围，以水为工作液体时一般为 $0 \sim \pm 1.47 \times 10^4$ Pa；以水银为工作液体时一般为 $0 \sim \pm 2.0 \times 10^5$ Pa。测量负压时，被测压力与玻璃管相接，容器接口通大气，读值为负值。

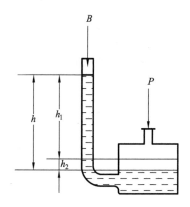

图 3-23　单管式压力计

3. 斜管式压力计

因 U 形管压力计和单管式压力计不能测量微小压力，为此产生了斜管式压力计。它是将单管式压力计垂直设置的玻璃管改为倾斜角度可调的斜管，如图 3-24 所示，所以也常称它为倾斜式微压计。当被测压力与较大容器相通时，容器内工作液面下降，液体沿斜管上升的高度为：

$$h=h_1+h_2=l\sin\alpha+h_2 \tag{3-33}$$

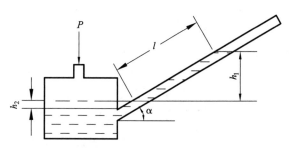

图 3-24　倾斜式压力计原理图

因为

$$lf=h_2F \tag{3-34}$$

所以

$$h=l\left(\sin\alpha+\frac{f}{F}\right) \tag{3-35}$$

被测压力为：

$$p=\rho gh=\rho gl\left(\sin\alpha+\frac{f}{F}\right) \tag{3-36}$$

式中：l——斜管中工作液体向上移动的长度，m；

α——斜管与水平面的夹角；

f、F——玻璃管和大容器的截面积，m^2。

从式(3-36)中得知,当工作液体密度 ρ 不变,其在斜管中的长度即可表示被测压力的大小。斜管式压力计的读数比单管式压力计的读数放大了 $\dfrac{1}{\sin\alpha}$ 倍,因此可测量微小压力的变化。常用的斜管式压力计斜管可固定在五个不同的倾斜角度位置上,可以得到五种不同的测量范围。工作液体一般选用表面张力较小的酒精。

$$K=\rho g\left(\sin\alpha+\frac{f}{F}\right) \tag{3-37}$$

式中: K ——仪器常数。 K 值一般定为 0.2、0.3、0.4、0.6、0.8 五个,分别标在斜管压力计的弧形支架上,此时,式(3-36)可写为:

$$\rho=Kl \tag{3-38}$$

斜管式压力计结构紧凑,使用方便,适宜在周围气温为 +10 ~ +35 ℃,相对湿度不大于80%,且被测气体对黄铜、钢材无腐蚀的场合下使用,其测量范围为 0 ~ $\pm2.0\times10^3$ Pa,由于斜管的放大作用提高了压力计的灵敏度和读数的精度,最小可测到 1 Pa 的微压。

使用前首先将酒精($\rho=0.81$ g/cm^2)注入压力计的容器内,调好零位。压力计应放置平稳,以水准气泡调整底板,保证压力计的水平状态。根据被测压力的大小,选择仪器常数 K ,并将斜管固定在支架相应的位置上。按测量的要求将被测压力接到压力计上,可测得全压、静压和动压。

根据实验,斜管的倾斜角度不宜太小,一般不小于 15°为宜,否则读数会困难,反而增加测量的误差。应注意检查与压力计连接的橡皮管各接头处是否严密。测定完毕应将酒精倒出。

4. 液柱式压力计的校验

液柱式压力计除了定期更换工作液体,清洗测量玻璃管外,一般不需要校验。如有特殊要求或者需精确测量时,可用 0.5 级标准液柱式压力计与被校压力计比较,计量出误差。

将标准压力计和被校压力计注入相同的工作液体,均调好零位。U 形管压力计和单管式压力计应保证垂直放置,斜管式压力计应保证水平放置。用三通接头和橡皮管把标准压力计和被校压力计连接。加压校验时,U 形管压力计和单管式压力计可每隔 50 mmH$_2$O 校对一点;对于斜管式压力计可分几段进行,25 mmH$_2$O 以下这一段每隔 1 mm 都应校对,25 ~ 80 mmH$_2$O 这一段可每隔 5 mm 校对一点,80 mmH$_2$O 以上这一段可每隔 10 mm 校对一点。应当指出的是,每个校验点都应做正反两个行程的校验。

整理校验记录,计算出被校压力的误差。被校压力计的精度不应超过 1 级,否则不宜再继续使用。

3.4.2　弹簧式压力计

弹性元件受外力作用时会产生变形,同时也产生反抗外力的弹性力,当两者平衡时,变形即停止。我们知道,弹性变形与外力的大小成一定的函数关系。弹性式压力计即是将弹性元件感受到的压力信号转换为机械或电气信号来测量压力的。

1. 膜盒式压力计

我们常用的膜盒式压力计是空盒气压表。它是利用一组有较大变形挠度的真空膜盒随着大气压力变化而产生纵向变形的原理制成的，主要测量大气压力。压力计有自记式和便携式两种。

自记式空盒气压表使用环境温度为$-10 \sim +40℃$，利用调整装置可在$8.7 \times 10^4 \sim 10.5 \times 10^4$ Pa 范围内记录任意9.0×10^3 Pa 区间内的气压变化。

便携式空盒气压表工作原理与自记式空盒气压表相同。它的压力感应真空膜盒通过传动机构带动指针可在度盘上直接指示出当时当地的大气压力值。整套机构装在塑料壳里，然后放入特制的皮盒中，所以便于携带。仪表的测量范围为$8.7 \times 10^4 \sim 10.64 \times 10^4$ Pa，使用环境温度为$-10 \sim +40$ ℃，测量误差不大于2×10^2 Pa，仪表最小分度值为1.0×10^2 Pa。

压力计放置需平稳，并保证其水平状态，防止因倾斜而造成的测量误差。读值时，应先轻轻敲敲外壳或玻璃，以便消除传动机构间存在的摩擦。

2. 弹簧管式压力计

弹簧管式压力计有单圈和多圈之分，它是在力的平衡基础上将压力信号转换为指针位移来显示被测压力的。单圈弹簧管式压力计如图3-25所示，表中有一根截面为椭圆形并弯成圆弧的金属弹簧管(2)，它的一端固定并与被测压力接通，另一端封闭但可自由移动。当被测压力作用于弹簧管以后，管子截面由椭圆形趋向于圆形，刚度增大，弹簧管自由端伸展外移，这个位移经由连杆(3)、齿轮(4、5)，带动指针(6)转动，在度盘(7)上指出被测压力的值。指针转角的大小与压力的大小成正比。

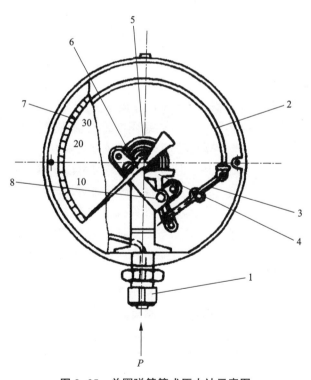

图3-25 单圈弹簧管式压力计示意图

1—固定端；2—弹簧管；3—连杆；4—扇形齿轮；

5—中心齿轮；6—指针；7—刻度盒；8—扇形齿轮轴

弹簧管式压力计结构简单，使用方便，应用广泛，可作高、中、低压的测量。其测量范围为 $0\sim9.81\times10^8$ Pa，精度等级为 0.5~2.5 级。

使用时，应根据被测压力的大小选择适当的弹簧管式压力计，压力计的安全系数应在允许范围内。必须注意被测介质的化学性质，例如测量氨气的压力时，应采用不锈钢弹簧管；测量氧气的压力时，严禁沾有油脂以确保安全。

弹簧管式压力计的校验，是将被校压力计与标准压力计在压力表校验台上产生某一定值压力下进行比较。为保护标准压力计，并使被校压力计达到足够的精确度，所选标准压力计比被校压力计的测量上限高出三分之一，精度等级高三倍。

3.5   流量测量

在生产和科学研究实验中，流量测量是生产过程自动化检测和控制的重要参数之一。

气体和液体无固定形状且易于流动，我们称之流体。流体在单位时间内流过管道或设备某一横截面的数量称为流量。以体积单位表示的流量为体积流量，m^3/h；以质量单位表示的流量为质量流量，kg/h。质量流量与体积流量的关系为：

$$G=\rho L \tag{3-39}$$

式中：G——流体的质量流量，kg/h；

　　　ρ——流体的密度，kg/m^3；

　　　L——流体的体积流量，m^3/h。

其中密度 ρ 是随流体的状态参数而变化的，所以在给出体积流量的同时也应给出流体的状态参数。

流量测量按测量方法可分为容积法、速度法和质量法。

容积法是指用一个具有标准容积的容器连续不断地对被测流体进行度量，并以单位（或一段）时间内度量的标准容积数来计算流量的方法。这种测量方法受流动状态影响较小，因而适用于测量高黏度、低雷诺数的流体，但不宜测量高温高压及脏污介质的流量，其流量测量上限较小。该类流量计主要有湿式气体流量计、椭圆流量计等。

速度法是指根据管道截面上的平均流速来计算流量的方法。与流速有关的各种物理现象都可用来度量流量。如果再测得被测流体的密度，便可得到质量流量。在速度法流量计中，节流式流量计技术最为成熟，此外还有浮子流量计、超声波流量计、涡轮流量计、电磁流量计等。

质量法是测量与流体质量流量有关的物理量（如动量、动量矩等），从而直接得到质量流量。这种方法与流体的成分和参数无关，具有明显的优越性。但这种流量计比较复杂，价格昂贵，因而限制了其应用。无论哪种流量计，都有一定的适用范围，对流体的特性及管道条件都有特定的要求，本节主要介绍本专业常用的几种速度式流量计。

3.5.1   差压式流量计

差压式流量计是根据流体流动节流时，因流速的变化在节流装置前后产生压差来测量流量的。这个压差的大小随流量而变化，可由实验确定流量与压差之间的关系。

1. 转子流量计

转子流量计是恒压差变截面流量计，它在测量过程中保持节流装置前后的压差不变，而节流装置的流通面积随流量而变化。

转子流量计如图 3-26 所示。它由一个向上渐扩的圆锥管和在管内随流量大小而上下浮动的转子(也称浮子)组成。当流体流经转子与圆锥管之间的环形缝隙时，因节流产生的压力差(P_1-P_2)的作用使转子上浮。当作用于转子的向上力与转子在流体中的重力相平衡时，转子就稳定在管中某一位置。此时，若加大流量，压差就会增加，转子随之上升，因转子与圆锥管间的流通面积的增大从而又使压差减小恢复到原来的数值，这时转子却已平衡于一个新的位置了。若流量减小，上述各项变化亦相反。总之，在测量过程中，因转子位置的变化而使环形流通面积发生了变化。因转子的重量是不变的，无论其处于任何位置，其两端的压差也是不变的。转子流量计就是利用转子平衡时位置的高低直接读取流量值的。

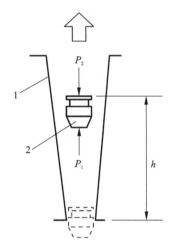

图 3-26　转子流量计

1—锥形管；2—转子

转子流量计的流量按公式(3-40)计算

$$L=h\left[\varepsilon\alpha\pi(R+r)\tan\varphi\right]\sqrt{\frac{2}{\rho}\Delta P} \tag{3-40}$$

$$\Delta P=\frac{V}{f}(\rho_j-\rho)g \tag{3-41}$$

式中：L——被测流体的流量，m^3/h；

h——转子平衡位置的高度，m；

ε——流体膨胀修正系数；

R、r——圆锥管 h 处截面半径和转子最大处的截面直径，m；

φ——圆锥管的夹角，°；

α——流量系数；

ρ、ρ_j——流体和转子的密度，kg/m^3；

ΔP——转子前后的压差 Pa；

V——转子的体积，m^3；

f——转子的最大截面积，m^2。

转子流量计中转子的材料依被测流体的化学性质而定，有铜、铝、铅、不锈钢、塑料、硬橡胶、玻璃等。圆锥管的材料：对直读式多用玻璃管（又称为玻璃转子流量计），远传式多用不锈钢的材料。

转子流量计是非标准化仪表，通常经实测来标记刻度值，标尺标以流量单位，如 m^3/h 等。转子流量计适宜测量各种气体、液体和蒸汽等的流量。其测量范围，对液体可从每小时十几升到几十万升，对气体可达几千立方米，其基本测量误差为刻度最大值的±2%左右。转子流量计应垂直安装，不允许有倾斜，被测流体应自下而上，不能反向。必须注意转子直径最大处是读数处。使用时应缓慢旋开控制阀门，以免突然开启时转子急剧上升而损坏玻璃管。

2. 进口流量管（双纽线集流器）

进口流量管是装在进风管端部测量空气流量的装置。气体进入管道时，经过渐缩的进口流量管的曲面而逐步加速，此时静压降低，我们可以根据这个压差的变化计算出流量的变化。由此可知，进口流量管亦属节流差压式流量计。其装置如图 3-27 所示。进口流量管端部做成喇叭形集流器，另一端与负压管道相连，在测压孔处可接压力计测量该处的静压。

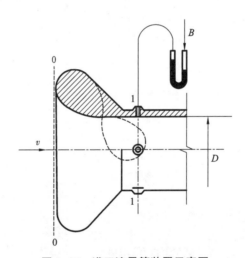

图 3-27　进口流量管装置示意图

进口流量管的曲面有圆弧形和双纽线形等，一般常采用双纽线形的，这是因为双纽线能较均匀光滑地过渡到所接管段上，进口流量管制作加工应精细，内表面要求光滑，与直管相接处不得有凸起，以保证流场均匀，流量系数稳定。

使用时，需注意在管道轴线方向 $10D$、垂直管道轴线方向 $4D$ 的范围内不应有障碍物，以免干扰气流。

3. 孔板流量计和喷嘴流量计

孔板、喷嘴、文丘利管等是将被测流体的流量转换为压差的节流装置。对于这一类的差压式流量计，由于使用时间较长，已经取得了丰富的经验与资料，而且对其设计、计算、制作、使用均已标准化。

流体流经节流装置，例如孔板时，其现象如图 3-28 所示。当流体遇到节流装置时，流体的流通面积突然缩小使流束收缩，在压头的作用下流体的流速增大，在节流孔后，由于流通面积又变大，使得流束扩大，流速降低。

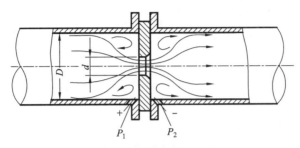

图 3-28　流体流经节流装置

同时，节流装置前后流体的静压力出现压力差 ΔP，$\Delta P = P_1 - P_2$，并且 $P_1 > P_2$，这就是节流现象。流体的流量越大，节流装置前后的压差也就越大。因此，我们可通过测得压差求得流量的大小。不可压缩流体的体积流量方程式为：

$$L = \alpha F_0 \sqrt{\frac{2(P_1 - P_2)}{\rho}} \tag{3-42}$$

质量流量方程式为：

$$G = \alpha F_0 \sqrt{2\rho(P_1 - P_2)} \tag{3-43}$$

式中：L——流经节流装置的体积流量，m^3/s；

　　G——流经节流装置的质量流量，kg/s；

　　α——流量系数，一般由实验确定；

　　F_0——节流装置开孔截面积，m^2；

　　ρ——流体的密度，kg/m^3；

　　P_1、P_2——节流装置前后的静压，Pa。

在工程中为了简化计算，给出实用流量方程。如孔板为：

$$L = 0.04\alpha\varepsilon d^2 \sqrt{\frac{\Delta P}{\rho}} = 0.04\alpha\varepsilon m D^2 \sqrt{\frac{\Delta P}{\rho}} \tag{3-44}$$

$$G = 0.04\alpha\varepsilon d^2 \sqrt{\rho\Delta P} = 0.04\alpha\varepsilon m D^2 \sqrt{\rho\Delta P} \tag{3-45}$$

$$m = \frac{F_0}{F} = \frac{d^2}{D^2} \tag{3-46}$$

式中：L——流经节流装置的体积流量，m^3/h；

　　G——流经节流装置的质量流量，kg/h；

　　ε——流体膨胀校正系数，对于不可压缩流体 $\varepsilon = 1$，对于可压缩流体 $\varepsilon < 1$；

　　d——孔板开孔直径，mm；

ΔP——孔板前后的静压差，Pa；

m——孔板开孔面积与管道内截面积之比；

F——管道内截面积，mm^2；

F_0——孔板开孔面积，mm^2；

D——管道内径，mm。

采用标准节流装置时，应注意以下几点，被测流体应是单相的、均匀的、无旋转并且满管、连续、稳定地流动，流束与管道轴线平行。所接管道应是直的圆形管道，节流装置前后应有足够长度，具体可参阅有关资料。

3.5.2   涡轮流量计

涡轮流量计由流量变送器和运算、显示仪表组成。当流体经过变送器时，涡轮叶片旋转，磁电转换器装在壳体上，有磁阻式和感应式两种。磁阻式是把磁钢放在感应线圈内，涡轮叶片用导磁材料制成，当涡轮旋转时，磁路中的磁阻发生周期性的变化，感应出脉冲电信号。感应式是在涡轮内腔中放一磁钢，它的转子叶片用非磁性材料制成，磁钢与转子一同旋转，在固定于壳体上的线圈内感应出电信号。目前因磁阻式装置比较简单可靠，应用较为广泛。

感应电信号的频率与被测流体的体积流量成正比。涡轮流量变送器的特性一般以 $f\text{-}Q$ 或 $K\text{-}Q$ 关系曲线来表示，涡轮流量计仪器常数为：

$$K = \frac{f}{Q} \tag{3-47}$$

式中：K——仪器常数，次/L；

f——输出信号频率，次/s；

Q——体积流量，L/s。

涡轮流量计的显示仪表，通常为脉冲频率测量和计数的仪表，可将涡轮流量变送器输出的单位时间内的脉冲总数按瞬时流量和累计流量显示出来。由于涡轮流量计的信号能远距离传送，且精度高、反应快、量程宽、线性好。涡轮变送器具有体积小、耐高压、压力损失小等特点而得到了广泛应用。涡轮流量变送器应水平安装，在仪器前应装设过滤器。为保证流场稳定，流量变送器前后应有 15 倍的变送器内径的直管段。

3.6   热量测量

热传递现象是一种普遍的自然现象，凡是有温度差存在的地方，就有热传递现象发生。在某些情况下，为了阻止或限制热流需要采取各种绝热措施；而在另外一些情况下，则往往是要增强传热。所以了解热量传递的过程，并在需要的场合对其进行控制，热量的测量就是非常必要的。

传热现象是非常复杂的，它包括热传导、对流和热辐射三种方式，由于传热有三种不同的方式，热流的测量也有三种方法。第一种是采用接触式测量热流，主要用于测量导热传递热量；第二种是测量对流换热热流的方法，多采用测量流量进、出口温度和流量，通过计算得到热流量；第三种方法是采用辐射热流计对辐射换热量进行测量。由于影响对流热流的因素比较复杂，直接用热流计测量对流热量是比较困难的，而测量热传导热流和热辐射热流相对来说就比较简单。目前已研制成各种热传导热流计、热辐射热流计，以及测量流体输送热量的输送式蒸汽或热水热流计，又称热量计。

热流计按照结构不同分为五种：金属片型、薄板型、热电堆型、热量型及潜热型，其工作原理、使用范围、测量精度、应用方法等都各不相同。

3.6.1　热阻式热流计

热阻式热流计是应用最普遍的一类热流计，是测量固体传导热流或表面热量损失的仪表，它还可以与热电偶或热电阻温度计配合使用，测量各种材料或保温材料的热物性参数，有非常广泛的应用。

热阻式热流计由热阻式热流传感器和热流显示仪两部分组成，热阻式热流传感器将热流信号变换成电势信号输出，供指示仪表显示测量数值。热阻式热流计的主要工作原理是当热流通过平板(或平壁)时，由于平板具有热阻，在其厚度方向上的温度梯度是下降的，因此平板的两侧面具有一定的温差，利用温差与热流量之间的对应关系进行热流量的测定。

如果需要测定建筑壁面的热流量 q，可以在该壁面表面装上一个平板状的热流计，亦即相当于在被测壁面上增添一个局部的辅助层，如图 3-29 所示。

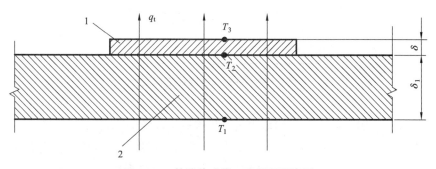

图 3-29　热流传感器工作原理示意图
1—热流计；2—被测壁面

根据傅立叶定律，当未装热流计时，在稳定热状态下，通过被测壁的热流量为：

$$q = \frac{\mathrm{d}Q}{\mathrm{d}S} = -\lambda \frac{\partial T}{\partial \delta} \tag{3-48}$$

式中：q——热流密度，W/m^2；

$\mathrm{d}S$——等温面微元面积，m^2；

$\dfrac{\partial T}{\partial \delta}$——垂直于等温面的温度梯度；

λ——热流计传感器的导热系数，$W/(m^2 \cdot K)$。

若温度为 T 和 $T+\Delta T$ 的两个等温面平行时，则有：

$$q = -\lambda \frac{\Delta T}{\Delta \delta} \tag{3-49}$$

式中：ΔT——两等温面温差，℃；

　　　$\Delta \delta$——两等温面之间的距离，m。

如果热流计材料和几何尺寸确定，那么只要测出热流计两侧的温差，即可得到热流密度。根据使用条件，选择不同的材料做热阻层，以不同的方式测量温差，就能做成各种不同结构的热阻式热流计。平板式热流计是目前使用最广泛的热阻式热流计，其结构如图 3-30 所示。平板式热流计输出的热电势与通过热流计的热流密度用下式表示：

$$q = CE \tag{3-50}$$

式中：E——热流计输出的热电势，mV；

　　　C——热流计系数，W/（m² · mV）；

　　　q——热流密度，W/m²。

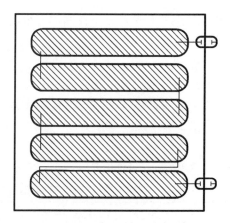

图 3-30　平板式热流计结构图

热流计系数是热阻式热流计的重要参数，其值与热流计传感器的材料、结构、几何尺寸、热电特性等有关。C 值的大小反映了热流计传感器的灵敏度，C 值越小，测头灵敏度越高，反之传感器灵敏度越低，因此有的文献把 C 值的倒数称为热流计的灵敏度。热阻式热流计两侧的温差除了能用平板式热流测头测量外，还可以用差动连接的热电阻测量。热阻式热流测头只需要较小的温度梯度就可以产生较大的输出信号，这对于测量较小热流密度的传热过程是有利的。

热阻式热流计能够测量几瓦每平方米至几万瓦每平方米的热流密度。表面接触式安装的热流计使用温度一般在 200 ℃ 以内，特殊结构的热流计可以测到 500~700 ℃。热阻式热流计反应时间一般较长，随热阻层的性能和厚度不同，反应时间从几秒到几十分钟或更长，可见这类热流计比较适合变化缓慢的或稳定的热流测量。

3.6.2　热水热流计

热水热量的测量在工程中是经常遇到的，热水热量计常用于测量载热介质——水通过锅炉或热网的某个热力点（热交换站）所输送的热能数量，或者是热用户所消耗的热能数量。根据热力学第一定律，对一个稳定的流体流动微元过程，在其有限过程中，如果热水通过锅炉或热力站的进、出口时的质量相等，则有：

$$Q_\tau = \int_{t_1}^{t_2} q_{m_s}(H_1 - H_2)\,\mathrm{d}t \qquad (3\text{-}51)$$

式中：Q_τ——在一段时间内热水的累计热量，kW；

　　　q_{m_s}——稳定的微元过程中热水进、出微元时单位时间内输送的热能的数量，kW/h；

　　　H_1、H_2——热水通过锅炉或热网热力点进、出口时的焓值，kJ/kg；

　　　t_1、t_2——某一段时间的开始和终止时刻，h。

热水的质量流量可以利用流量计测得的容积流量和用温度计测得的供水温度，按该温度的热水密度对流量值进行修正计算求得。

水的热焓值是无法直接用测量方法获得的，而且热水的焓值在不同的温度下是不同的，为了求得 H_1-H_2，就要分别求出进水热焓 H_1 和出水热焓 H_2。在锅炉或换热器的进水和出水两个不同的温度范围内，热水焓值和温度之间的关系为 $H = \int(T)$，所以可通过测量热水的温度，进而转换成热水的焓值。其工作原理及构造如图 3-31 所示，在热水锅炉或热力点输送热水的管道上，安装流量计和温度计，分别测量热水流量和进、出口热水温度，经过运算得到热水质量流量及焓值，就可得到热水的热量了。

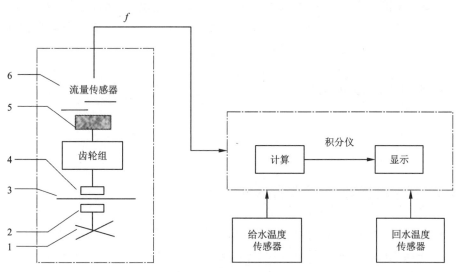

图 3-31　热量表工作原理图

1—叶轮；2—耦合磁铁；3—隔离板；4—耦合磁铁；5—磁铁；6—干簧管

3.6.3　辐射热温计

为实现空气调节的技术措施、评价空间的热状态，对热辐射的测定与计算都十分重要。辐射热温计通常作为测定平均热辐射强度的仪器，其组成如图 3-32 所示，它由一个体积较大的黑球和温度计组成。黑球为一直径 150 mm 左右、厚约 0.5 mm 的中空钢球，外表面用胶液混合煤烟涂成黑色，温度计用橡皮塞固定在黑球上，其温包位于黑球的中心位置。

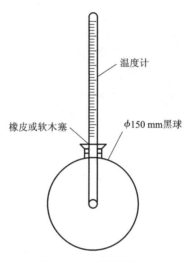

温度计

橡皮或软木塞　　ϕ150 mm黑球

图 3-32　辐射热温计

测定时将黑球挂于被测地点，待温度计稳定后读取温度值。同时需测出黑球附近的气流速度和气温。测气温时，要对温度计加以屏蔽，防止辐射。被测地点的平均热辐射强度为：

$$E = 0.4\left[\left(\frac{273.15+t_{\mathrm{f}}}{100}\right)^4 + 2.45\sqrt{v_{\mathrm{k}}}\,(t_{\mathrm{f}}-t_{\mathrm{k}})\right] \tag{3-52}$$

式中：E——平均热辐射强度，$\mathrm{kcal/(m^2 \cdot h)}$；

$\quad\quad t_{\mathrm{f}}$——黑球温度，℃；

$\quad\quad v_{\mathrm{k}}$——周围空气流速，m/s；

$\quad\quad t_{\mathrm{k}}$——周围空气温度，℃。

3.6.4　热电堆辐射热计（单相辐射热计）

热电堆辐射热计是由敏感元件（热电偶）和二次仪表（毫伏计）组成。其传感器构造如图 3-33 所示。正面黑白相间的许多小块就是由 240 对热电偶串联组成的热电堆，从指示仪表上可直接读得热辐射强度值。

热电堆辐射热计灵敏度和稳定性都比较高，测定时不受气流的影响。其测量范围通常为 $0\sim10\ \mathrm{cal/(cm^2 \cdot min)}$。当热电堆置于 $E>7.5\ \mathrm{cal/(cm^2 \cdot min)}$ 的场合时，不宜超过 3 s，以免损坏元件。当辐射热源的温度不超过 2200 ℃时，其测量误差一般不超过 $0.5\ \mathrm{cal/(cm^2 \cdot min)}$。热

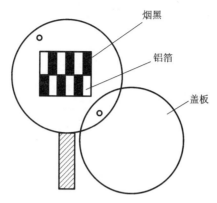

烟黑

铝箔

盖板

图 3-33 热电堆辐射热计(单向)

电堆表面不能碰撞和触摸,不用时应注意将盖板盖好。

3.7 数据采集

为了确定某一测试对象的各项特性,我们常常要借助各种仪表和各种手段(直接或遥测)来获得各种各样的测量结果(数据)。以传感器技术、计算机测量技术和通信技术为基础的现代测试技术丰富了建筑环境测量的方法和手段,促进了建筑环境测试技术的发展。同时,随着生产的发展和科技进步,建筑环境工程中对测量的要求也逐渐提高,已经由对一个具体物体的参数测量,发展到对一个工程系统甚至一个城市的多参数、多工况的连续、长期测量。同时,很多情况下还需经过再加工(即将数据做某种变换),以便给使用者提供物理意义更明确、更直观的数据形式(如振动波形的频谱分析等)。上述这些问题都要靠数据处理加以解决。

总之,数据处理(包含数据再加工)这个环节在整个科研工作中是必不可少的,数据处理系统工作的质量和速度如何,将对整个科研工作的结果有较大影响。

从广泛的意义上来讲,数据采集与处理的主要内容应包括以下几方面:

①数据的采集:主要是解决非电量转换为电量的问题以及多路复用、数据的模拟形式和数字形式之间的转换问题。

②数据的记录:数据的存储是非常重要的问题,当前磁记录是储存大量数据的一种有效方式。

③数据处理:包括预处理、数据检验与数据分析(再加工)等步骤。

3.7.1 数据采集器及系统

数据采集和记录是一种常见的测量应用。大多数情况下,数据采集都是指在一定时间范围内对某些电量或非电量的测量和记录。这些被测量可以是温度、湿度、流量、压力、电压、电流、电阻、电能等。在实际应用中,数据采集不只是对信号的获取和记录,还包括对数据的在线分析、离线分析、数据显示、数据共享等。并且,现在很多的数据采集的应用,开始包括获取和记录其他形式的数据,例如视频数据。数据采集也被广泛地应用于频谱分析、能耗、环境评价等领域。

1. 数据采集器

作为一种新型的数据采集记录仪表,数据采集器(Data Logger)可以定义为:是一种电池供电的、便携式的、具有海量存储的、具有与 PC 机接口的数据采集、分时、记录的智能仪表。数据采集器具有如下特点:(1)电池供电;(2)超低功耗;(3)有大容量非易失存储器;(4)具有可变分时记录功能;(5)不具有复杂的数据处理能力;(6)具有与 PC 机的数据交换功能。

数据采集器基本上有两种类型:一种为一体式数据采集器,即数据采集器自带传感器;另一种为组合式数据采集器,即传感器和数据采集器是分离的。组合式数据采集器可以分为单通道和多通道的。单通道的一次只能从一个输入端采集数据。多通道的可以一次同时从多个输入端采集数据,例如一个四通道的数据采集器可以一次采集四个不同点的温度,或者一次采集四个不同参数数据,如温度、湿度、压力、压差。

数据采集器的结构及功能如图 3-34 所示。数据采集器的设计采用了超低功耗设计技术,由电池供电,可长时间工作。非常适合测点分散,现场无电源(例如采集室外管多个给定点分时压力数据)情况下的数据采集记录。

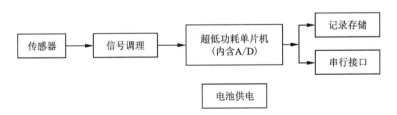

图 3-34 数据采集器的结构及功能框图

如果数据采集器的传感器采用数字传感器,可以取消信号调理电路、数字传感器与单片机接口,可以使数据采集器体积更小、结构更紧凑,采用数字传感器的数据采集器的结构如图 3-35 所示。

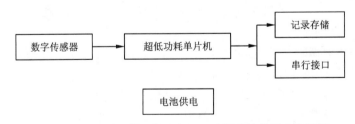

图 3-35 采用数字传感器的数据采集器的结构及功能框图

2. 数据采集系统

数据采集系统一般具有数据获取、在线分析、数据记录、离线分析和显示及数据共五个功能。它们之间的关系如图 3-36 所示。获取数据是测量物理参数的过程,测量结果以数字量的形式送入系统,在线分析是在线处理获取数据的过程。数据记录是每一个数据采集系统的基本,离线分析是获取数据之后,从数据中分析出有用信息的过程,显示数据共享构成了最后的功能。

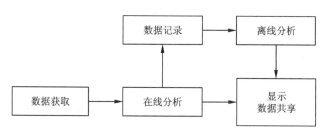

图 3-36　数据采集系统功能关系图

3.7.2　巡回检测仪

在对被测对象的测量中,有时需要对单点或多点的温度或热流进行连续检测,巡回检测仪作为一种测控仪表,能方便地实现这一测量要求。巡回检测仪可以与各类传感器、变送器配合使用,可对多路温度、压力、液位、流量、重量、电流、电压等过程参数进行巡回检测、报警控制、变送输出、数据采集及通信。它通过简单的软、硬件设定即可以适用多种输入信号,巡检通道间的切换时间、通道的有效参数都可以通过巡回检测仪按钮进行设定。

如图 3-37 所示,巡回检测仪主要由传感器、接线端子、信号调理、模数转换、数据输出几部分组成。

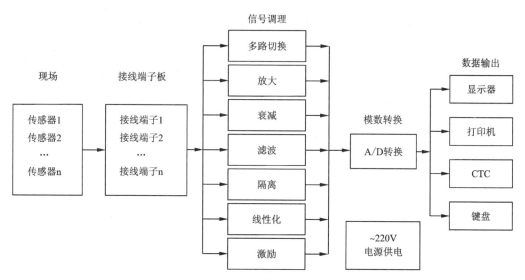

图 3-37　智能巡回检测仪组成框图

3.7.3　无纸记录仪

无纸记录仪是工业生产自动化系统中一种重要的数据记录仪表，是对工业现场设备实时监控和分析的必备工具，被广泛应用于电力、冶金、石油、化工等行业，在工业自动化生产控制系统中起着十分重要的作用。当前，随着计算机技术和单片机技术的迅速发展，无纸记录仪克服了早期模拟式有纸记录仪需消耗大量资源和人力等缺点，正朝着智能化、信号输入万能化及大容量存储等方向发展。

其基本工作原理就是将工业现场的各种需要采集的数据、运算数据以时间为基轴记录在仪器内部的存储系统中，比如流量计的流量信号、压力变送器的压力信号、热电阻和热电偶的温度信号等，通过高性能 32 位 ARM 微处理器进行数据处理，一方面在大屏幕液晶显示屏幕上或者通过通信网络连接到 PC 机上以多种形式的画面显示出来，另一方面把这些监察信号的数据存放在本机内藏的大容量存储芯片内，以便在本记录仪上直接进行数据和图形查询、翻阅。通过上位机管理软件，即可了解仪器记录信息，并可以通过数字显示、棒图显示、曲线显示、报警列表等打印曲线、图形、列表，而无须消耗任何常用的记录设施，如纸张、笔墨等。无纸记录仪可分为彩屏无纸记录仪、蓝屏无纸记录仪、单色无纸记录仪、中长图无纸记录仪、流量积算无纸记录仪，其中流量积算无纸记录仪是无纸记录仪的一个拓展应用。

无纸记录仪具有无纸记录、实时性好、精度高、带通信、可查寻的特点和智能化的功能，所采集的常用的数据有：温度、压力、流量、液位、电压、电流、湿度、频率、振动、转速等。主要应用场合为：冶金、石油、化工、建材、造纸、食品、制药、生物科研、热处理和水处理等各种工业现场和科研机构。

第4章 冷、热源系统及设备性能实验

冷、热源设备是实现能源消耗与转换的设备，在集中式空调系统中被称为主机，即空调系统的心脏，其性能的优劣直接影响着空调系统的使用效果、运行的经济性等。

由于能源形式的多样化，使得冷、热源设备的形式也多种多样。本章主要介绍在空调工程中常用的冷、热源设备，如锅炉设备和蒸气压缩式制冷设备及系统的相关性能测试方法。

4.1 烟气分析

对锅炉的烟气分析，可以得知烟气中的三原子气体 RO_2、氧气 O_2、一氧化碳 CO 和氮气 N_2 等主要成分的含量，从而判断锅炉燃料燃烧是否完全，炉膛漏风程度，并可计算出空气过量系数，因此，烟气分析对燃烧理论计算，锅炉热效率计算和环境都是很重要的一项实验项目。

4.1.1 实验目的

①使用奥氏烟气分析器测定干烟气的容积成分百分数，从而了解锅炉的燃烧情况，找出提高锅炉经济性的措施。

②通过烟气分析实验，进一步巩固烟气组成成分的概念，初步学会使用奥氏烟气分析器测定烟气成分的方法。

4.1.2 实验原理

用化学药液的选择性吸收的方法来测量烟气中各成分的分容积。所谓选择性吸收就是用某种吸收剂与烟气接触，该种吸收剂能够吸收烟气中某种成分，而不能吸收其他成分。经过选择性吸收后，烟气的容积就减少了，烟气容积的差值就是被吸收成分的分容积。

奥氏烟气分析器就是利用化学吸收法按容积测定气体成分的仪器，主要由三个化学吸收瓶组成。吸收瓶 11 内盛放氢氧化钾溶液 KOH，它可吸收烟气中的 CO_2 与 SO_2。其化学反应式如下：

$$2KOH + CO_2 \longrightarrow K_2CO_3 + H_2O \tag{4-1}$$

$$2KOH + SO_2 \longrightarrow K_2SO_3 + H_2O \tag{4-2}$$

KOH 同时吸收 CO_2 与 SO_2，在烟气成分中常用 RO_2 表示 CO_2 与 SO_2 的总和，即：

$$RO_2 \Longleftarrow CO_2 + SO_2 \tag{4-3}$$

吸收瓶 10 内盛放焦性没食子酸苛性钾溶液 $C_6H_3(OK)_3$，它可吸收烟气中的 RO_2 与 O_2。当 RO_2 已被吸收瓶 11 吸收后，则吸收瓶 10 吸收的烟气即为 O_2 了。焦性没食子酸苛性钾溶液吸收 O_2 的化学反应式为：

$$4C_6H_3(OK)_3 + O_2 \longrightarrow 2[C_6H_2(OK)_3-C_6H_2(OK)_3] + 2H_2O \tag{4-4}$$

吸收瓶 9 内盛氯化亚铜的氨溶液 CuCl—NH_3，它可吸收烟气中的 CO。其化学反应式如下：

$$2CuCl + CO + 2H_2O + 4NH_3 \longrightarrow 2Cu + 2NH_4Cl + (NH_4)_2CO_3 \tag{4-5}$$

它同时也能吸收氧气。烟气先通过吸收瓶 10，O_2 被吸收后，这样通过吸收瓶 9 吸收的烟气中就只有 CO 了。

综上所述，三个吸收瓶的测定程序切勿颠倒。在环境温度下，烟气中的饱和蒸汽将结露成水，因此在进入分析器前，烟气应先通过过滤器，使饱和蒸汽被吸收，故在吸收瓶中的烟气容积为干烟气容积，测定的成分为干烟气容积成分百分数，即：

$$C_{CO_2} + C_{SO_2} + C_{O_2} + C_{CO} + C_{N_2} = 100\% \tag{4-6}$$

其中

$$C_{CO_2} = \frac{V_{CO_2}}{V_{gy}} \times 100\%$$

$$C_{SO_2} = \frac{V_{SO_2}}{V_{gy}} \times 100\%$$

$$C_{CO} = \frac{V_{CO}}{V_{gy}} \times 100\%$$

$$C_{O_2} = \frac{V_{O_2}}{V_{gy}} \times 100\%$$

$$C_{N_2} = \frac{V_{N_2}}{V_{gy}} \times 100\%$$

式中：V_{CO_2}、V_{SO_2}、V_{CO}、V_{O_2}、V_{N_2}——烟气中 CO_2、SO_2、CO、O_2、N_2 的容积，Nm^3/kg；

V_{gy}——干烟气容积，Nm^3/kg。

4.1.3　实验设备

1. 奥氏烟气分析器

奥氏烟气分析器原理如图 4-1 所示。

（1）主要部件

①过滤器。位于取样管与分析器之间，用以滤去烟气中的飞灰和水分，并使烟气中水蒸气达到饱和状态。

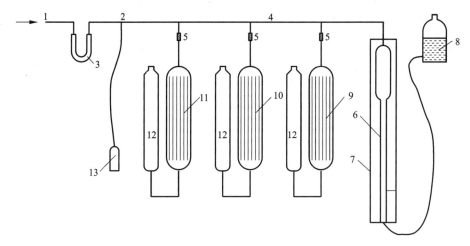

图 4-1 奥氏烟气分析器

1—接取样管；2—三通旋塞；3—过滤器；4—梳形管；5—二通旋塞；6—量筒；7—水套；
8—水准瓶；9、10、11—吸收瓶；12—缓冲瓶；13—抽气皮球

②量筒。其上部管径粗，下部管径细，以提高刻度精度与测量精度。量筒刻度值单位为 mL，有效工作容积为 100 mL，量筒外有水套，可保持测试过程中烟气试样温度恒定不变。

③水准瓶。瓶口通大气，瓶下部有接口，通过橡皮管与量筒底部连通。

④三通旋塞。三通旋塞有三个位置（见图 4-2），图（a）位置为烟气试样与量筒相通；图（b）位置为量筒与大气相通；图（c）位置为各路处于隔断状态。

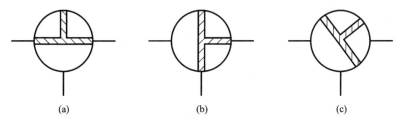

图 4-2 三通旋塞位置

（a）烟气取样通量筒；（b）大气通量筒；（c）隔断状态

⑤吸收瓶。吸收瓶 11 盛 KOH 溶液；吸收瓶 10 盛 $C_6H_3(OK)_3$ 溶液；吸收瓶 9 盛 CuCl—NH_3 溶液。三个吸收瓶内部装满玻璃管，在吸收烟气成分时，可增加溶液和烟气的接触面积。

（2）吸收剂配制

①KOH 溶液。称取 65 g KOH 溶于 130 mL 蒸馏水中。溶解要缓慢，以防发热飞溅。溶液澄清后注入 11 瓶中。

②$C_6H_3(OK)_3$ 溶液：称取 11 g 焦性没食子酸 $C_6H_3(OH)_3$ 溶于 30 mL 蒸馏水中，另外称取 50 g KOH 溶于 1000 mL 蒸馏水中，分别得到无色透明液。然后，将这两种溶液混合，即得

到焦性没食子酸苛性钾溶液 $C_6H_3(OK)_3$，呈褐色。溶液制成后，注入 10 吸收瓶中。

③CuCl—NH_3 溶液：称取 33 g 氯化氨(NH_4Cl)溶于 100 mL 蒸馏水中，再加入 25 g CuCl。把配制成的溶液盛于另一内容有紫铜丝的瓶中，使它充满该瓶。用时倾出清液，再按 3∶1 比例加入相对密度为 0.91 的氨水，即得到青色的 $Cu(NH_3)_2Cl$ 溶液。溶液制成后，注入 9 吸收瓶中。

④封闭溶液。量筒和水准瓶中的水不应吸收烟气任一成分，这种水称为封闭溶液。封闭溶液采用饱和食盐水，它由蒸馏水加氯化钠(NaCl)达到饱和状态配制而成。溶液中通常加入少量甲基橙和盐酸，呈红色，以使读数清晰。

注意，分析器所有连接部位和旋塞都必须严密，防止泄漏。旋塞等可涂凡士林密封。

2. 烟气发生器

烟气试样可直接取自锅炉烟道，也可取自烟气发生器(在实验室中使用)。图 4-3 为煤气炉烟气发生器。

3. 天平

用以称取配置吸收剂的化学药品。

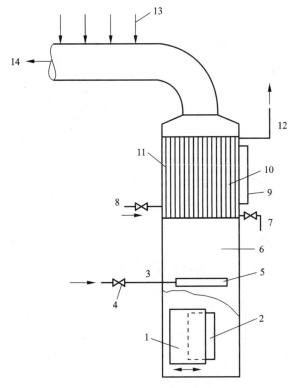

图 4-3 煤气炉烟气发生器

1—可调空气门；2—空气入口；3—进气管；4—控制阀；5—煤气燃烧器；6—燃烧室；7—排污管；8—进水管；9—水位计；10—火管；11—水箱；12—排气管；13—烟气取样；14—烟气出口

4.1.4 实验内容及步骤

1. 检查严密性

检查二通旋塞与吸收瓶间的连接管：将三通旋塞通向大气，即图 4-2(b) 位置，然后提高水准瓶，使量筒液面升至上刻度，再关闭三通。稍提高水准瓶，同时开启吸收瓶 11 的二通旋塞，再相应降低水准瓶，使药液位至瓶颈小口处，立即关闭二通。检查药液位稳定，则说明二通旋塞与吸收瓶 11 的连接部分不漏气。用同样的方法检查吸收瓶 10、9 的旋塞与其连接部分，应严密不漏气。

检查三通旋塞与其他连接部分：三通旋塞置于通大气位置，使量筒内液面升至上刻度，关闭三通旋塞和所有二通旋塞。降低水准瓶，观察量筒内液位，经 1~2 min 后液位仍不发生变化，说明严密不漏气。

2. 取烟气试样

换气：为取得真实烟气试样，分析器与取样管连通后，应先进行换气，换气可用三通旋塞与水准瓶来完成。首先三通旋塞通大气，提高水准瓶把量筒内存气排除；再把三通旋塞接通取样管，降低水准瓶吸取烟气试样。重复多次，直至把取样管、分析仪器中全部烟气换成新鲜试样。

取样：要求在标准气压下取得试样 100 mL。三通旋塞置于通取样管位置，降低水准瓶吸取烟气至量筒最低刻度线以下，关闭三通。提高水准瓶，使量筒内液面在下刻度线上。此时，将水准瓶与量筒间的橡皮管用手指夹住，迅速开启与关闭三通旋塞，使量筒内烟气瞬间通向大气，烟气压力等于大气压力。松开所夹橡皮管，使水准瓶液位与量筒液位下刻度线对齐。不符合要求时应重复上述方法取样。

3. 测量

首先，用吸收瓶 11 吸收 RO_2，稍提高水准瓶，转动吸收瓶 11 的二通旋塞使之通路。渐渐升高水准瓶，将试样压入瓶 11，与瓶内浸润药液的玻璃管接触。然后放下水准瓶，未被吸收的试样抽回至量筒。重复 7~8 次，最后再进行检查性测量，直至量筒刻度指示不再变化。最后，水准瓶液面对齐量筒内液面，记下读数。

然后，用吸收瓶 10 吸收 O_2，再用吸收瓶 9 吸收 CO，方法与上述相同。

4. 结果计算

根据烟气分析的结果，可以计算出过量空气系数 α：

$$\alpha = \frac{21}{21 - 79 \times \dfrac{x(O_2) - 0.5x(CO)}{100 - [x(RO_2) + x(O_2) + x(CO)]}} \tag{4-7}$$

式中：$x(O_2)$、$x(CO)$、$x(RO_2)$——分别表示烟气中该种气体的容积百分比，%。

5. 注意事项

①水准瓶上升与下降不宜太快，以防止量筒中的水冲出，或防止吸收瓶中的吸收物被抽出。

②测量读数时必须把水准瓶液位与量筒液位对齐，这样才能保持量筒内试样在大气压

下，使测量准确。

③在吸进烟气前，必须把设备中的残气赶走。

④测量程序必须是吸收瓶 11、10、9，不能任意颠倒。

⑤全过程中注意旋塞与管路的严密性，一旦发现漏气应立即堵漏，并重新开始实验。

⑥分析试样应与环境温度接近，最高不超过 40~50 ℃。

⑦吸收一种气体时，必须以同样方法连续做几次，到烟气体积的变化小于 0.1 mL 时为止。

⑧吸收剂药液不能直接与皮肤或衣服接触。

⑨各种试剂最好在使用前临时配制。

4.1.5   实验报告

实验记录常用格式见表 4-1。

表 4-1   奥氏烟气分析器测定记录

时间	取试样量/mL	A/mL	B/mL	C/mL
	100			
	100			
	100			
	100			
	100			

试样 100 mL（100%），通过吸收瓶 11 吸收后试样存 A(mL)，通过吸收瓶 10 吸收后试样存 B(mL)，通过吸收瓶 9 吸收后试样存 C(mL)。

4.2   锅炉自然水循环实验

蒸汽锅炉中水按一定的循环路线流动，水在锅炉受热面中被加热，造成水的密度下降，而锅炉进口的水的密度较大，这样在锅炉水系统中，水靠自然循环流过受热面并吸收受热面的热量成为蒸汽，同时也使锅炉受热面的温度保持一定。因此，锅炉水循环的好坏关系到锅炉运行的可靠与安全。

4.2.1　实验目的

①通过锅炉自然水循环演示实验，观察在自然循环条件下，平行管汽、液两相流的流动结构及蒸汽的产生过程。

②观察平行管在不同负荷下的流动偏差现象。掌握自然循环锅炉循环回路产生自由水面、循环停滞和倒流的一般原理，了解循环故障产生的原因危害及故障排除方法。

4.2.2　实验原理

自然循环锅炉中，水冷壁管中水受热逐渐产生蒸汽，而下降管中是水。汽水混合物的密度比水的密度小，两者密度差产生了推动力，迫使工质在上升管中向上流动，在下降管中向下流动，从而产生了水的循环。

当上升管受热增强时，其中产生的蒸汽量多，运动压头增加，使循环流量增大，故循环流速加快；反之，上升管受热弱时，循环流量减少，循环流速也减慢。当受热弱的上升管循环流速趋近于零时，则产生循环停滞。而对于垂直引入汽包、汽空间的上升管，在产生循环停滞时，将出现自由水面。对于水平引入汽包、汽空间的上升管，有时在水平段会出现汽水分层现象。当受热弱的上升管循环流速等于负值时，对于引入汽包水容积的上升管，将发生流向颠倒，使上升管变为下降管，称为循环倒流。因此，只要在自然水循环示范实验装置中，改变某些上升管的吸热量，就可以观察到上述自然水循环故障的一些现象。

4.2.3　实验设备

自然水循环演示实验装置如图 4-4 所示。图中 NO.1 上升管以 +30° 引入汽包、汽空间；NO.3、NO.4 上升管从水平方向引入汽包汽空间；NO.2、NO.5、NO.6、NO.7 上升管以 +30° 引入汽包水容积。

NO.1、NO.2、NO.3 上升管包括与此相对称的三根上升管，共六根。每根上升管的加热装置（电热丝）均装置自耦变压器（变压器的容量为 1 kVA），用来调节上升管的吸热量。而 NO.4、NO.5、NO.6、NO.7 上升管（包括与此相对称的四根上升管，共八根）的电热丝不装置自耦变压器。各上升管的接线图如图 4-5 所示。

4.2.4　实验内容及步骤

1. 预热阶段

向实验装置的自然水循环回路中上水至汽包中心以上 20 mm 左右高度位置后，接通每根上升管的电路，接线图如 4-5 所示，电流升至 2 A 左右，使管内冷水预热，直至沸腾为止。

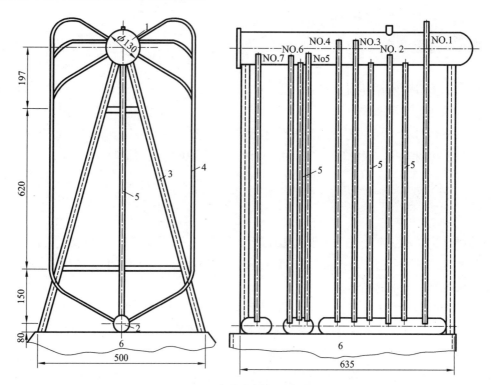

图 4-4   自然水循环实验装置

1—汽包；2—下联箱；3—角铁结构支架；4—上升管；

5—下降管；6—电器仪表箱

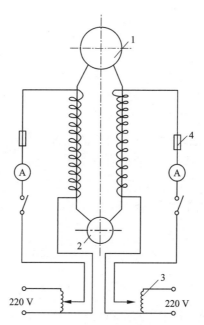

图 4-5   上升管的电热丝接线图

1—汽包；2—下联箱；3—自耦变压器的接线柱；4—熔断器

2. 观察阶段

①在每根上升管内,均可出现气泡状、气弹状流动以及泡沫流动向单桩流动的转化过程。

②在 NO.1、NO.3、NO.4 上升管中(这些管均引入汽包、汽空间),可以观察到自由水面的现象;

③在 NO.3、NO.4 水平引入汽包、汽空间的上升管中,有时还可以在水平段观察到汽水分层现象。

3. 循环停滞倒流的操作步骤

调节自耦变压器,使 NO.1、NO.2、NO.3 上升管组的电流升至 3~3.5A,待上升管内气泡上升速度剧烈增加后,立即减小 NO.2 上升管的电流,此时在 NO.2 上升管中会立即出现循环停滞现象。继续减小 NO.2 上升管的电流至零,由于 NO.2 上升管不受热,NO.2 上升管中的水将产生倒流,即上升管变为下降管。

4. 下降管汽化

如果汽包内水位较低,则可在下降管与汽包连接处观察到下降管的汽化现象,或称为抽空现象。

5. 注意事项

①在加热之后,如果发现缺水,千万不可再加冷水,否则易使玻璃制品的水循环示范实验装置损坏。

②汽包水位不宜太高,否则难以观察到下降管汽化现象。

③电阻丝裸露绕在上升管上,不能用手接触,注意防触电。

4.2.5 实验报告

①实验数据记录。通过实验观察加热过程中流体流型变化及水循环故障现象,将实验中故障现象、故障名称以及发生位置记录下来。

②分析水循环故障产生原因及危害,并说明故障排除方法。

③电阻丝裸露绕在上升管上,不能用手接触,注意防触电。

4.3 锅炉热效率测试实验

锅炉的热效率计算是基于机组的热量平衡来进行的。所谓热平衡是指锅炉机组的输入热量与输出热量之间的平衡,输出热量包括有效利用热和各项热损失。热平衡可以正确指出燃料的热量有多少被有效利用,有多少成为热损失,这些损失又表现在哪些方面,通过热平衡可直接确定锅炉的热效率和燃料消耗量。

4.3.1 实验目的

①通过测定锅炉热效率,判断锅炉燃料利用程度与热量损失情况;

②测定的锅炉热效率，可以作为鉴定和评估新投运锅炉和锅炉大修前后性能效益对比的重要依据；

③通过热效率测定实验，掌握其实验方法，可获得锅炉设备综合测试技能训练。

4.3.2 实验原理

锅炉热效率测定实验的基本原理就是锅炉在稳定工况下进出热量的平衡。锅炉工作是将燃料释放的热量最大限度地传递给汽水工质，剩余的没有被利用的热量以各种不同方式损失掉了。在稳定工况下，其进、出热量必平衡，并可表示为：

输入锅炉热量=锅炉有效利用热量+各种热损失

煤粉锅炉的热平衡示意图如图4-6所示。

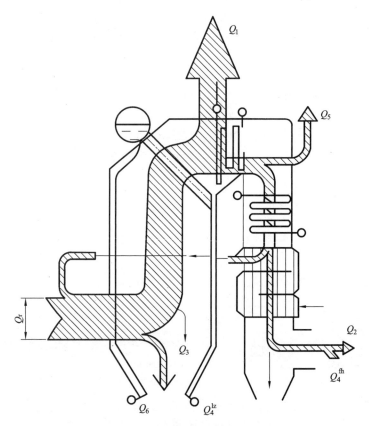

图4-6　煤粉锅炉热平衡示意图

在锅炉设备稳定的热力状态下，输入热量与输出热量之间的热平衡式具体如下：

$$Q_R = Q_1 + Q_2 + Q_3 + Q_4 + Q_5 + Q_6 \tag{4-8}$$

$$Q_4 = Q_4^{lz} + Q_4^{fh} \tag{4-9}$$

式中：Q_R——1 kg 燃料的输入热量，kJ；

Q_1——锅炉有效利用热量，kJ；

Q_2——排烟热损失，kJ；

Q_3——化学未完全燃烧热损失，kJ；

Q_4——机械未完全燃烧热损失，kJ；

Q_4^{lz}——炉渣机械未完全燃烧热损失，kJ；

Q_4^{fh}——飞灰机械未完全燃烧热损失，kJ；

Q_5——锅炉散热损失，kJ；

Q_6——其他热损失，kJ。

或用入炉热量的百分比来表示：

$$q_1 + q_2 + q_3 + q_4 + q_5 + q_6 = 1 \tag{4-10}$$

式中，$q_i = \dfrac{Q_i}{Q_r} \times 100$，分别为各输出热量占输入热量的百分比，单位%。

其中，锅炉有效利用热量占输入热量的百分比 q_1，即为锅炉的热效率（简称锅炉效率）η_{gl}。

$$\eta_{gl} = q_1 = \frac{Q_1}{Q_r} \times 100 \tag{4-11}$$

也可写成：

$$\eta_{gl} = 100 - (q_2 + q_3 + q_4 + q_5 + q_6) \tag{4-12}$$

式（4-11）是通过测量求得有效利用热 Q_1 来计算热效率，此法称为正平衡法或直接法，求得的热效率为正平衡热效率。式（4-12）是通过测量求得各项热损失来计算热效率，此法称为反平衡法或间接法，求得的热效率为反平衡热效率。

正平衡法只能求出锅炉的热效率，而未测出锅炉的各项热损失，因此也就难以分析造成各项热损失的原因和找出降低热损失、提高锅炉热效率的有效途径。因此，实践中一般采用反平衡法，同时也用正平衡法进行热效率测定，以利于校核和分析比较。

4.3.3　实验设备

1. 烟气分析仪

烟气分析仪用于测量烟气容积成分。燃煤锅炉可用红外烟气分析仪、电化学烟气分析仪或奥氏烟气分析仪测定烟气成分。

2. 热电偶温度计

热电偶温度计用来测量烟气、空气与工质的温度。锅炉热平衡试验常用的热电偶参见表4-2。

表 4-2   锅炉热平衡试验常用热电偶

序号	热电偶名称	分度号 新	最高使用温度/℃ 长期	短期	允许误差 温度范围/℃	允许误差	正负极识别 正极	负极
1	铂铑 30-铂铑 6	B	1600	1800	≤600	±3(℃)	较硬	较软
					>600	±0.5%		
2	铂铑 10-铂	S	1200	1600	≤60	±2.5(℃)	较硬	较软
					>600	±0.4%		
3	镍铬-镍硅(镍铝)	K	1000	1300	≤400	±4(℃)	无磁性	稍有磁性
					>400	±0.75%		
4	镍铬-康铜	E	600	800	≤400	±4(℃)	色较暗	银白色
					>400	±1%		
5	铁-康铜	J	600	870	≤400	±3(℃)	强磁性	无磁性
					>400	±0.75%		
6	铜-康铜	T	350	500		±0.1(℃)	红色	银白色

3. 玻璃管水银温度计

玻璃管水银温度计用来测量低于 500 ℃的温度，在锅炉实验中常用于就地监督或辅助性测量，在工业锅炉上常用于测量蒸汽或给水温度。

4. 热电阻温度计

热电阻温度计测量温度上限不超过 500 ℃，用于给水、热风、排烟温度测量。其温度测量误差±(0.7%~1.4%)，较热电偶的大。检测热电阻可用比率计或电子自动平衡电桥。

5. 弹簧管式压力表

弹簧管式压力表用于测量工质压力。

6. 节流式流量计及超声波流量计

大型锅炉工质流量常用节流式流量计测量。节流件有标准孔板、标准喷嘴(渐缩喷嘴或文丘利喷嘴)等。节流式流量计只有在设计参数下的读数才能代表正确流量，如果是非设计工况，则应对读数进行修正。

锅炉在没有排污及其他热损失条件下，在入炉给水管道上，利用超声波流量计测定给水流量，每隔一定时间读取记录一次瞬时流量，同时，试验时间内读取累计流量，以此来确定锅炉的蒸发量。

7. 比托管

主要配合压力计用以测量烟道内烟气动压，以此来测量计算排烟量。比托管有标准型和 S 型之分，根据现场条件选用。

8. 压力计或风速仪

风速仪主要用来测量非含尘气体(如风道内的空气)的流速，压力计主要与比托管相配，用来测量含尘气流(如烟道内的烟气)的动压。

9. 飞灰取样器

飞灰取样器主要用来采集飞灰的样品，分为抽气式飞灰采样系统和撞击式飞灰采样器，如图 4-7、图 4-8 所示。

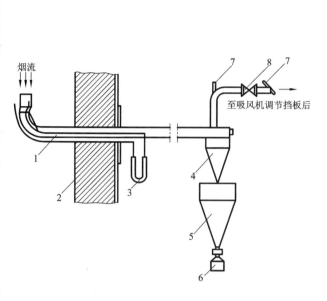 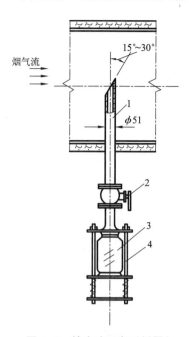

图 4-7　抽气式飞灰采样系统

1—采样管；2—烟道墙壁；3—U 形差压计；4—旋风捕集器；
5—中间灰斗；6—取样瓶；7—吹灰孔；8—调节闸阀

图 4-8　撞击式飞灰采样器

1—采样管；2—Dg50 球形旋塞；
3—集灰瓶；4—集灰瓶固定架

4.3.4　实验内容及步骤

1. 实验负荷的选择

锅炉热效率实验的实验负荷可选择额定负荷或常用负荷。若要获得锅炉负荷变化范围内的运行特性，一般可选择四个实验负荷(额定负荷，最低负荷，在额定负荷与最低负荷之间再选择两个中间负荷)。由实验结果绘出锅炉效率与负荷的关系特性曲线。

2. 稳定工况

稳定工况是锅炉热平衡实验的必要条件。稳定工况包含以下基本要求：

①试验前的稳定阶段。锅炉启动后带负荷连续运行 72 h，实验负荷下稳定运行 1~3 h 才能开始进行热平衡测试。有砖炉墙的锅炉还要适当增加测试前的稳定阶段时间。

②测试期间稳定工况。在测试期间，锅炉负荷、蒸汽参数、过量空气系数、燃料特性等应维持稳定，其允许波动范围可参考表 4-3。

表 4-3　测试期间稳定工况锅炉参数允许波动范围

序号	项目名称		允许波动范围
1	锅炉负荷 ΔD/%		±5
2	蒸汽压力	中压 ΔP/MPa	±0.05
		高压 ΔP/MPa	±0.1

续表4-3

序号	项目名称		允许波动范围
3	蒸汽温度 （过热蒸汽与再热蒸汽）Δt_{gr}/℃		±5
4	炉膛出口过量空气系数 $\Delta \alpha_l''$		±0.05
5	给水温度 Δt_{gs}/℃		稳定
6	给水流量 $\Delta G/(t \cdot h^{-1})$		稳定
7	汽包水位 ΔH_{qb}/mm		稳定
8	收到基水分	煤粉炉 ΔMar/%	≤±2
		链条炉 ΔMar/%	≤±1（如 Mar>15%， 则允许 ΔMar 可适当放宽）
9	收到基灰分	Aar<15%，ΔAar/%	≤±1
		15≤Aar<30%，ΔAar/%	≤±2
		Aar>30%，ΔAar/%	≤±3
10	燃料发热量 $\Delta Q_{ar, net}/(kJ \cdot kg^{-1})$		≤±620

此外，在测试期间扰动工况的操作（如吹灰、清渣、排污等）都应最大限度地避免。但是，维持煤粉炉正常进行必要的吹灰和清炉、层燃炉进行较小的整理和清炉还是允许的。层燃炉在试验期间火床燃料层厚度应维持不变。

③实验持续时间。其长短与热效率测试正确度有关。实验持续时间越长，工况扰动对实验正确性的影响越小，但维持工况的难度将增大。如火床燃烧，测试过程中燃料层厚度常会有 10 cm 误差，火床中灰与燃料的比例也难以恒定。因此，当用正平衡法测锅炉热效率时，实验持续时间最好是 24 h。对于连续出灰的炉排，可适当减少试验时间，但一般不少于 6 h。当用反平衡法时，试验工况持续时间不少于 4 h。对于燃烧用煤粉或煤屑的锅炉，试验持续时间最好不少于 4 h。

3. 预备性试验

预备性试验是在正式试验前进行的试验。进行预备性试验，有下述目的：

①检查所有测量仪器的工作状况并消除缺陷；

②使实验观察人员和测量人员熟悉试验内容；

③做较小的工况调整（如一、二、三次风，过量空气系数，燃烧器负荷分配）；

④检查锅炉运行工况是否正常（如炉墙漏风等），并做必要的处理。

此外，所有受热面的外表面与内表面都应符合正常运行时的清洁度要求。

4. 正平衡法（输入-输出热量法）热效率试验

（1）测量项目

根据热平衡界限图，以及输入、输出热量计算有关公式，可列出表4-4的测量项目。

表 4-4 正平衡法测量项目

序号	项目名称		数值
1	燃料量 $B/(\mathrm{kg \cdot h^{-1}})$		
2	燃料收到基低位发热量 $Q_{\mathrm{ar,net}}/(\mathrm{kJ \cdot kg^{-1}})$		
3	燃料元素收到基成分	$C_{\mathrm{ar}}/\%$	
		$H_{\mathrm{ar}}/\%$	
		$O_{\mathrm{ar}}/\%$	
		$S_{\mathrm{ar}}/\%$	
		$N_{\mathrm{ar}}/\%$	
		$A_{\mathrm{ar}}/\%$	
		$M_{\mathrm{ar}}/\%$	
4	省煤器出口过量空气系数 α''_{sm}		
5	空气预热器进口空气温度 $t'_{\mathrm{kg}}/℃$		
6	雾化蒸汽流量 $q_{\mathrm{m \cdot wh}}/(\mathrm{kg \cdot h^{-1}})$		
7	雾化蒸汽压力 $p_{\mathrm{wh}}/\mathrm{MPa}$		
8	雾化蒸汽温度 $t_{\mathrm{wh}}/℃$		
9	过热蒸汽流量 $q_{\mathrm{m \cdot gq}}/(\mathrm{kg \cdot h^{-1}})$		
10	过热器出口蒸汽压力 $p''_{\mathrm{gr}}/\mathrm{MPa}$		
11	过热器出口蒸汽温度 $t''_{\mathrm{gr}}/℃$		
12	过热器减温水量 $q_{\mathrm{m \cdot jw}}/(\mathrm{kg \cdot h^{-1}})$		
13	再热蒸汽流量 $q_{\mathrm{m \cdot zr}}/(\mathrm{kg \cdot h^{-1}})$		
14	再热蒸汽温度(进口) $t'_{\mathrm{zr}}/℃$		
15	再热蒸汽温度(出口) $t''_{\mathrm{zr}}/℃$		
16	再热蒸汽压力(进口) $p'_{\mathrm{zr}}/\mathrm{MPa}$		
17	再热蒸汽压力(出口) $p''_{\mathrm{zr}}/\mathrm{MPa}$		
18	抽出饱和蒸汽流量 $q_{\mathrm{m \cdot bq}}/(\mathrm{kg \cdot h^{-1}})$		
19	饱和蒸汽压力 $P_{\mathrm{b}}/\mathrm{MPa}$		
20	连续排污水流量 $q_{\mathrm{m \cdot ps}}/(\mathrm{kg \cdot h^{-1}})$		
21	省煤器进口给水压力 $p_{\mathrm{gs}}/\mathrm{MPa}$		
22	省煤器进口给水流量 $q_{\mathrm{m \cdot gs}}/(\mathrm{kg \cdot h^{-1}})$		
23	燃料温度 $tr/℃$		

(2)测量项目

1)燃料消耗量测量

入炉燃料量 B 可用称量法测量。称量法应靠近入炉处。称量点与入炉处的漏煤应收集计入总量中。在试验开始和结束时，煤斗中的煤层高度、炉排上煤层厚度应尽可能保持相同。也可根据给煤机或给粉机转速 n，由事先标定好的 $B=f(n)$ 曲线测定燃料量 B。

2）燃料发热量和元素分析、成分测量

常用燃料采样方法、燃料发热量测量方法、燃料元素分析、成分测定等。

3）空气预热器进口过量空气系数测量

空气预热器进口空气温度高于实验基准温度时，需要测量空气预热器进口处的过量空气系数 β'_{ky}，以计算其输入热量。可由图 4-9 所示，风量平衡式计算：

$$\beta'_{ky} = \alpha''_{sm} + \Delta\alpha_{ky} - \Delta\alpha_{zf} - \Delta\alpha_1 - \cdots - \Delta\alpha_{sm} \tag{4-12}$$

式中：α''_{sm}——省煤器出口处过量空气系数；

$\Delta\alpha_{ky}$——制粉系统漏风系数；

$\Delta\alpha_{zf}$、$\Delta\alpha_1$、$\Delta\alpha_{sm}$——空气预热器、炉膛、省煤器等各级受热面烟道的漏风系数。

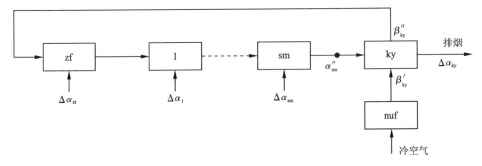

图 4-9　风量平衡系统示意框图

zf—制粉系统；l—炉膛；sm—省煤器；ky—空气预热器；nuf—暖风器

省煤器出口处过量空气系数 α_{sm} 的计算，可通过奥氏烟气分析器抽取烟气试样测定烟气成分，再引用公式求得。各级受热面烟道漏风系数可取经验值或通过测定计算求得。

β'_{ky} 也可利用下式计算：

$$\beta'_{hy} = \frac{V'_h}{V^0} \tag{4-13}$$

式中：V'_h——空气预热器进口实际空气量，Nm^3/kg；

V^0——理论空气量，Nm^3/kg。

$$V^0 = \frac{1}{0.21}\left(1.866\frac{C_{ar}}{100} + 5.56\frac{H_{ar}}{100} + 0.7\frac{S_{ar}}{100} - 0.7\frac{O_{ar}}{100}\right)\ Nm^3/kg \tag{4-14}$$

V'_h 可用比托管或笛形管测量空气预热器进口风道截面平均流速求取：

$$V'_h = \frac{3600Aw_{pj}}{B}\frac{273}{273+t'_k}\quad Nm^3/kg \tag{4-15}$$

式中：A——空气通道截面积，m^2；

w_{pj}——空气在进口风道截面上的平均流速，m/s；

B——燃料消耗量，kg/h；

t'_k——空气温度，℃。

4）工质流量测量

在锅炉热平衡试验中，以测定的给水流量为基数，再计算过热器出口与再热器出口蒸汽流量。如采用这种测量方法有困难时，还可采用直接测量蒸汽流量的方法。此时，不仅标准节流件应是事先经过校验的，而且还应进行蒸汽压力和温度的修正。

5）压力与温度测量

一般选择弹簧式压力表测量工质压力，液柱式压力计和倾斜管式微压计测量工质压差与负压。信号引出管与表头应防止冷、热干扰和振动。正常情况下指针波动范围约为±2%。

测量工质温度可根据具体条件选择玻璃管水银温度计、热电偶温度计或电阻温度计。

压力、温度测量一般 15 min 进行一次。

5. 热损失法（反平衡法）热效率试验

根据热平衡图及各项热损失的计算公式确定的测量项目见表 4-5。

测量项目中：C_{ar}，H_{ar}，C_{lz}，C_{fh}……是在现场采取试样后送实验室测得，试样取样方法见相关内容；烟气成分容积百分数 RQ_2，CO……的测量方法见相关内容；蒸汽流量可用永久性孔板流量计测量。

表 4-5　热损失法热效率试验一般测量项目

序号	项目名称		数值
1	锅炉蒸发量 $D/(\mathrm{kg \cdot h^{-1}})$		
2	燃料元素收到基成分	$C_{ar}/\%$	
		$H_{ar}/\%$	
		$O_{ar}/\%$	
		$S_{ar}/\%$	
		$N_{ar}/\%$	
		$A_{ar}/\%$	
		$M_{ar}/\%$	
3	燃料温度 $t_r/℃$		
4	燃料收到基低位发热量 $Q_{ar,\,net}/(\mathrm{kJ \cdot kg^{-1}})$		
5	炉渣中可燃物含量 $C_{lz}/\%$		
6	飞灰中可燃物含量 $C_{fh}/\%$		
7	沉降灰中可燃物含量 $C_{g:h}/\%$		
8	漏煤中可燃物含量 $C_{lm}/\%$		
9	排烟处干烟气	$RO_2/\%$	
		$O_2/\%$	
		$CO/\%$	
10	排烟温度 $\vartheta_{py}/℃$		
11	热平衡基准温度 $t_o/℃$		

续表4-5

序号	项目名称	数值
12	炉渣温度 t_{lz}/℃	
13	沉降灰温度 $t_{cf:h}$/℃	
14	环境温度 t_1/℃	

4.3.5 实验报告

以某锅炉为例的实验记录的主要内容和常用格式见表4-6、表4-7，供参考。

表4-6 锅炉输入-输出热量法实验记录

实验编号 　　　　　　　　　　　　　　　　　　　实验日期　　月　　日

时　　间　　点至　　点

实验记录人员

(1)给定值

锅炉型号，锅炉结构与系统；

锅炉出口过热蒸汽(或饱和蒸汽)的额定压力与额定温度；

锅炉给水额定压力与给水额定温度；

设计燃煤种类，燃煤应用基低位发热量与燃料元素分析成分。

(2)实验燃煤特性(入炉燃煤取样分析)

%

项目名称		测量数据
燃料元素收到基	C_{ar}/%	
	H_{ar}/%	
	O_{ar}/%	
	S_{ar}/%	
	N_{ar}/%	
	A_{ar}/%	
	M_{ar}/%	
燃料收到基低位发热量 $Q_{ar,net}$/(kJ·kg^{-1})		

(3)送风机风道空气流量(用标准皮托管)

风道流通断面尺寸　　　　　　　　　　标定系数 K^* =

续表 4-6

序号	项目名称	测量时间							
1	皮托管压差 Δp/Pa								
2	空气静压 P/Pa								
3	空气温度 t_k/℃								

K^*——皮托管测点位置确定后，需事先标定与流通断面平均流速有关的标定系数。

（4）给水流量

按实验确定的测量方法制表。

①容积计量法。

序号	项目名称	数值
1	水箱容积当量 M_b/(kg·m^{-1})	
2	标定时水温 t_b/℃	
3	测定时水温 t_s/℃	
4	测量开始时间 τ_1/h：min：s	
5	测量开始时水位 H_1/m	
6	测量结束时间 τ_2/h：min：s	
7	测量结束时水位 H_2/m	

事先标定水箱单位高度贮水质量，也就是水箱容积当量。

②节流法。

项目名称	测试记录								
	1	2	3	4	5	6	7	8	9
记录时间 τ									
节流件前后压力差 Δp/Pa									
给水压力 p/MPa									
给水温度 t/℃									

（5）蒸汽流量（节流法）

项目名称	测试记录								
	1	2	3	4	5	6	7	8	9
记录时间 τ									
节流件前后压力差 Δp/Pa									
蒸汽压力 p/MPa									
蒸汽温度 t/℃									

续表 4-6

(6)燃煤量(称量法)

项目名称	数 值						
燃煤质量 b/kg							

(7)试验期间锅炉运行数据

序号	项目名称	记录时间(_____h:_____min:_____s)			
1	过热蒸汽流量 D_{gr}/(kg·h^{-1})				
2	过热蒸汽出口压力 P_{gr}/MPa				
3	过热蒸汽出口温度 t_{gr}/℃				
4	汽包压力 P_b/MPa				
5	汽包水位 H_b/mm				
6	饱和蒸汽流量 D_{bq}/(kg·h^{-1})				
7	连续排污流量 D_{pw}/(kg·h^{-1})				
8	给水流量 D_{gs}/(kg·h^{-1})				
9	给水压力 P_{gs}/MPa				
10	给水温度 t_{gs}/℃				
11	表面式减温水流量 D_{jw}/(kg·h^{-1})				
12	减温水进口压力 P_{jw1}/MPa				
13	减温水进口温度 t_{jw1}/℃				
14	减温水出口压力 P_{jw2}				
15	减温水出口温度 t_{jw2}/℃				
16	二次风 H_2/Pa				
17	二次风温 t_2/℃				
18	一次风压 H_1/Pa				
19	一次风温 t_1/℃				
20	排烟温度 ϑ_{py}/℃				
21	过热器出口烟气含氧量 O_2/%				
22	炉膛压力 H_L/Pa				
23	送风机进口风温 t_0/℃				

表 4-7 锅炉热损失法实验记录

实验编号 　　　　　　　　　　　　　　　 实验日期　　 月　　 日

时　间　　　点至　　点

实验记录人员

(1)给定值

除表 4-5 所列给定值项目外，还应有锅炉灰平衡份额数据。

(2)灰中可燃物含量

实验编号 　　　　　　　　　　 实验日期　　 月　　 日

时　间　　　点至　　点

实验记录人员

(1)给定值

除表 4-5 所列给定值项目外，还应有锅炉灰平衡份额数据。

(2)灰中可燃物含量

名 称	炉渣	漏煤	沉降灰	飞 灰
符 号	C_{fz}	C_{lm}	$C_{ej \cdot h}$	C_{fh}
单 位	%	%	%	%
数 值				

(3)烟气分析

烟气试样抽取点位置

项目名称	测试记录									
	1	2	3	4	5	6	7	8	9	10
测量时间/h:min:s										
RO_2/%										
O_2/%										
CO/%										
SO_2/%										
NO_x/%										
排烟温度/℃										

(4)实验期间锅炉运动工况

按实验要求确定，与表 4-5 的要求相同。

4.4　制冷循环系统演示实验

蒸气压缩式制冷是技术上最成熟、应用最普遍的冷源设备。它由压缩机、冷凝器、膨胀机构、蒸发器四个主要部分组成,工质循环于其中。当设备运行时,压缩机吸入来自蒸发器内的蒸气,蒸气经压缩后成为高温高压气体,接着进入冷凝器释放热量而被冷凝成高压的液体,然后经过节流机构膨胀,大部分成为低压液体,一小部分变成了低压蒸气,两者一并进入蒸发器,在蒸发器中液体吸取热量而汽化,再为压缩机所吸入,从而实现工质的一个制冷循环。

4.4.1　实验目的

①直观了解制冷循环系统及基本设备的组成、安装位置及其作用。

②通过实验,深入理解制冷循环系统的工作原理,熟悉制冷循环系统的操作和调节方法,以及对制冷循环系统进行粗略的热力计算。

4.4.2　实验设备

本系统实验设备由空调和电冰箱两部分组成。如图4-10所示,空调部分采用热泵型分体式空调系统,同时配有液镜、高低压力表、电压表、电流表;冰箱方面设置有直冷式和风冷式两种结构形式冰箱,配有高低压力表、电压表、电流表。

1. 空调热力系统

实验的空调系统见图4-10所示,可完成制冷和制热过程。

(1)制冷过程

低压低温的制冷剂气体经回气管和气液分离器进入压缩机压缩,变为高温高压的制冷剂气体,经高压排气管进入四通换向电磁阀的进口①,再从进口②流出至冷凝器散热冷凝成高压常温的制冷剂液体,经试液镜、过滤器、毛细管、单向阀、空调截止阀进入蒸发器吸收蒸发成制冷剂的气体,再经低压回气管、空调截止阀从四通换向电磁阀的进口④进入,从进口③流出至低压回气管,然后经气液分离器进入压缩机,如此反复。

(2)制热过程

低压低温的制冷剂气体,经低压回气管和气液分离器进入压缩机压缩,变为高温高压的制冷剂气体,经高压排气管进入四通换向电磁阀的进口①,再从进口④排出,经空调截止阀进入蒸发器,放热冷凝成高压常温的制冷剂液体,再经空调截止阀进入第二毛细管和第一毛细管节流;变为低温低压的制冷剂液体,经过过滤器、试液镜,进入冷凝器,吸收蒸发成制冷剂的气体,再进入四通换向电磁阀的进口②,从进口③排出至低压回气管,经气液分离器进入压缩机,如此反复。

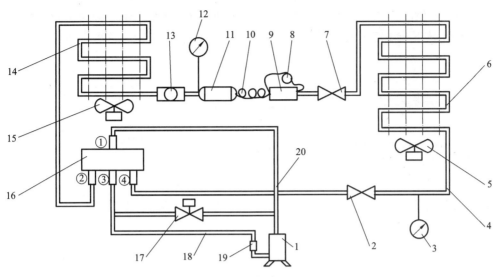

图 4-10 空调热力系统流程图

1—压缩机；2—空调截止阀；3—低压压力表；4—低压回气管；5—室内风机；6—蒸发器；7—空调阀；
8—第二毛细管；9—单向阀；10—第一毛细管；11—过滤器；12—高压压力表；13—视液镜；14—冷凝器；
15—室外冷凝风机；16—四通换向电磁阀；17—旁通电磁阀；18—低压回气管；19—气液分离器；20—高压排气管

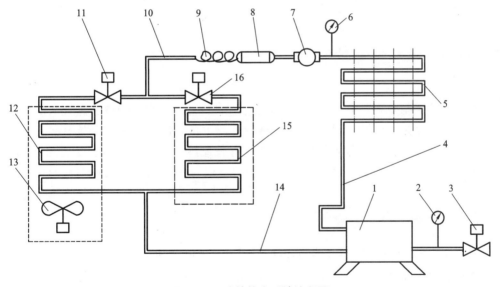

图 4-11 冰箱热力系统流程图

1—压缩机；2—低压压力表；3—工艺维修阀；4—高压排气管；5—冷凝器；6—高压压力表；7—视液镜；
8—干燥过滤器；9—毛细管；10—低压供液管；11—风冷低压供液管电磁阀；12—风冷式蒸发器；
13—风冷电机；14—低压回气管；15—直冷式蒸发器；16—直冷低压供液管电磁阀

2. 冰箱热力系统

如图 4-11 所示，电冰箱部分的低压低温的制冷剂气体经低压回气管回到压缩机，经压缩机压缩后变为高温高压的制冷剂气体，经高压排气管进入冷凝器经过冷凝器，制冷剂气体经放热、冷凝成高压常温的液体，经视液镜和干燥过滤器进入毛细管节流，变为低温低压的制冷剂液体,经供液管和电磁阀进入翅片式(风冷冰箱用)蒸发器或盘管式(直冷式冰箱用)蒸发器,吸热蒸发成制冷剂气体,再经回气管回到压缩机,如此反复。(注:两种不能同时工作)

4.4.3　实验内容及步骤

①分别指出制冷系统中四大部件的具体位置及制冷剂的流动方向。
②观察空调、冰箱制冷系统的组成及布置方式。
③接通电源。
④用遥控器打开空调,并设置空调运行模式,观察各部件的运行状态。
⑤开启冰箱电源,观察各部件的运行状态。
⑥依次关闭电源。

4.4.4　实验报告

①根据实验系统图简述空调、冰箱制冷、制热的工作原理。
②写出制冷系统中节流机构的类型,各自的优缺点。
③写出间接供冷与直接供冷各有哪些优缺点。

4.5　制冷压缩机性能的测试

在蒸气压缩式制冷装置中,压缩机是四个主要部件之一。它把制冷剂蒸气从低压状态压缩至高压状态,创造了制冷剂液体在蒸发器中低温下蒸发制冷、在冷凝器中常温液化的条件。此外,由于压缩机不断地吸入和排出气体,才使制冷循环得以周而复始地进行,所以它有整个装置的"心脏"之称,因此压缩机热工性能的优劣是衡量整个制冷循环的重要指标。

4.5.1　实验目的

①通过本实验的操作及实验数据的整理过程,了解测定制冷机性能的一般方法。
②通过制冷压缩机的实际运行和测定,分析影响制冷压缩机性能的因素。
③通过实验得出制冷系统的制冷量和制冷系数。

4.5.2　实验原理

热力学第二定律指出,热量不会自发地从低温热源移向高温热源,要实现逆向传热就必须消耗一定量的外功。

逆卡诺循环是一种理想的制冷循环,如图4-12所示,可由两个等温过程和两个绝热过程所组成。制冷工质在恒温冷源(被冷却物体)的温度 T_0 和恒温热源(环境介质)的温度 T_K

间按可逆循环进行工作,制冷工质在吸热过程中其温度与被冷却物体的 T_0 相等,在放热过程中与环境介质温度 T_K 相等。即传热过程中工质与被冷却物体及环境介质之间没有温差,传热是在等温下进行的,压缩过程和膨胀过程都是在没有任何损失的情况下进行的。

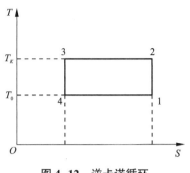

图 4-12 逆卡诺循环

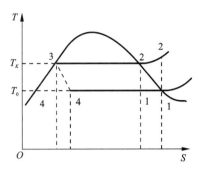

图 4-13 压缩制冷理论循环

实际采用的蒸气压缩式制冷的理想循环是由两个定压过程、一个绝热压缩过程和一个绝热节流过程组成,如图 4-13 所示,它与逆卡诺循环相比,有以下三个特点:

①用膨胀阀代替膨胀机,既可以避免机器本身的摩擦阻力,又可以方便调节进入蒸发器的制冷剂流量。

②用干压缩代替湿压缩。

③两个传热过程均为定压过程,并具有传热温差。

制冷系统的技术指标按下式计算:

(1)压缩机制冷量

$$Q = Q_1 \cdot \frac{h_1 - h_7}{h_1'' - h_6'} \cdot \frac{v_1'}{v_1} \tag{4-16}$$

式中: Q_1 ——蒸发器换热量,kW;

$$Q_1 = G_Z \cdot C_P \cdot (t_1 - t_2) \tag{4-17}$$

G_Z ——载冷剂(冷冻水)的流量,kg/s;

C_P ——载冷剂(冷冻水)的定压比热,kJ/(kg·℃);

t_1、t_2 ——载冷剂(冷冻水)的进、出口温度,℃;

h_1 ——在压缩机规定吸气温度、吸气压力下,气态制冷剂的比焓,kJ/kg;

h_7 ——在规定过冷温度下,节流阀前液态制冷剂的比焓,kJ/kg;

h_1'' ——在实验条件下,离开蒸发器的气态制冷剂的比焓,kJ/kg;

h_6' ——在实验条件下,节流阀前液态制冷剂的比焓,kJ/kg;

v_1 ——在压缩机规定吸气温度、吸气压力下,气态制冷剂的比容,m³/kg;

v_1' ——在压缩机实际吸气温度、吸气压力下,气态制冷剂的比容,m³/kg。

(2)压缩机的轴功率

$$N = A \cdot V \cdot \eta \tag{4-18}$$

式中: N ——压缩机的轴功率,kW;

A、V ——封闭压缩机的输入电流和输入电压(或输入功率 W);

η——压缩机的效率(取 0.75)。

（3）制冷系数

$$\varepsilon = \frac{Q}{N} \tag{4-19}$$

（4）热平衡误差

$$\delta = \frac{Q_1 - (Q_2 - N)}{Q_1} \times 100\% \tag{4-20}$$

$$Q_2 = G_L \cdot C_P (T_1 - T_2) \tag{4-21}$$

式中：Q_2——冷凝器的换热量，kW；

　　　G_L——冷凝器水流量，kg/s；

　　　T_1、T_2——冷凝器水的进、出口温度，℃；

　　　C_P——水的定压比热，kJ/(kg·℃)。

4.5.3　实验设备

实验采用教学用制冷压缩机性能试验台，系整体组装制冷换热系统，配合封闭式制冷压缩机，使用制冷工质为 $R22$，充灌量为 2.5 kg，水循环系统换热，各测温点均采用铜电阻温度计。

1. 制冷循环系统

试验台采用全封闭式制冷压缩机，冷凝器、蒸发器均为水换热器，在盘管的进、出口管路上分别设有热电阻温度计，在压缩机进、出口管路上分别设有压力表。压缩机的轴功率通过输入电功率来测算，试验台的主试验为液体载冷剂法，辅助实验为水冷式冷凝器热平衡法。轴功率采用测量输入压缩机电机的电压和电流，经计算求得。

2. 水循环系统

本系统由冷冻水系统和冷却水系统两部分组成。如图 4-15 所示。

冷冻水系统由水箱、冷冻水泵、调节阀、电加热器、转子流量计、蒸发器及管路组成。冷冻水泵从水箱(9)吸水，经加压后打入电加热器加热，并由转子流量计测出流量后，被送入蒸发器内得到冷却降温，被排入水箱(8)内。在蒸发器的进水、出水管路上均装有热电阻温度计，以便测出冷冻水的进水温度和出水温度。

冷却水系统由水箱、冷却水泵、调节阀、转子流量计、冷凝器及管路组成。冷却水泵抽水箱(8)的水，经加压，转子流量计测出流量后，被送入冷凝器内，水在冷凝器内吸收制冷剂放出的热量后而升温，并被排入水箱(9)内。在冷凝器的进水、出水管路上均装有热电阻温度计，用于测量冷却水的进水温度和出水温度。

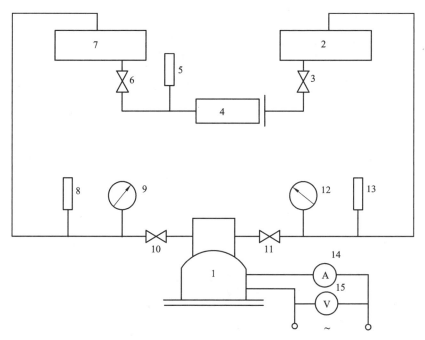

图 4-14 制冷循环系统图

1—压缩机；2—冷凝器；3—截止阀；4—干燥过滤器；5—过冷温度计；6—节流阀；7—蒸发器；8—吸气温度计；
9—吸气压力表；10—吸气阀；11—排气阀；12—排气压力表；13—排气温度计；14—电流表；15—电压表

4.5.4 实验内容及步骤

1. 实验前准备

①仔细阅读实验指导书，熟悉实验设备，观察四大部件布置方式，了解各测试点的安装位置。

②将水箱充满水。

③接通电源，检测各测温点的温度，查验它们是否工作正常。

④打开蒸发器、冷凝器的水泵电源开关及水量调节阀门，使水泵运转并向蒸发器、冷凝器供水。

2. 根据指导教师给定实验参数进行工况调节

1）蒸发压力和吸气温度的调节（蒸发压力可以由吸气压力表上近似地反映）

①开大（关小）节流阀门，可使蒸发压力提高（降低）。随之吸气温度也将稍有降低（提高）。

②提高（降低）进入蒸发器的载冷温度，或增加（减少）载冷流量，可使吸气温度提高（降低），同时蒸发压力也将相应的升高（降低）。

③改变载冷剂温度可通过改变电加热器功率，或调节水箱冷热的混合比例实现。

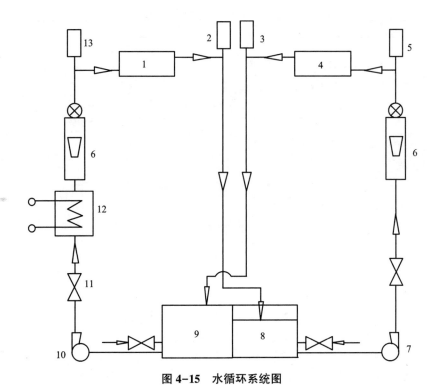

图 4-15　水循环系统图

1—蒸发器；2—冷冻出水温度测点；3—冷却出水温度测点；4—冷凝器；5—冷却进水温度测点；6—转子流量计；
7—冷却水泵；8、9—水箱；10—冷冻水泵；11—调节阀；12—电加热器；13—冷冻水进水温度测点

2) 冷凝压力的调节(冷凝压力亦可从排气压力表上近似地反映出来)

①增加(减少)冷凝器水的流量或降低(提高)冷凝器水的温度，可使冷凝压力降低(提高)。

②改变冷凝水的温度可以通过改变水箱的冷、热水混合比例来实现，或改用自来水的加入量来实现。

上述各种控制部件状态的改变及主要相关参数的变化，对其他控制参数均有一定影响，所以，在调节时要互相兼顾。

3. 进行测试

①待工况调定后，即可开始测试，测定该工况下的蒸发(吸气)压力、冷凝(排气)压力、吸气温度、排气温度、过冷温度、蒸发器和冷凝器的进、出水温度及它们的流量、压缩机的输入电功率等参数。

②为提高测试的准确性，每隔 10 min 测读一次数据，取其三次数据的平均值作为测试结果(三次记录数据均应在稳定工况要求范围内)。

③改变工况，在要求的新工况下重复上述试验，测得新的一组测试结果。

4. 停机

①关闭电加热器开关，加热器停止工作；

②关闭压缩机开关，压缩机停止工作；

③5 min 后，关闭水泵开关；

④切断电源。

5. 注意事项

①打开压缩机开关电源时，如出现不正常响声（液击），应立即停机，过 0.5 min 后再开启压缩机，这样反复一两次后，压缩机即可正常运转，如遇机械故障，应停机。

②确保压缩机安全，切忌冷凝器在不通水或无人照管的情况下长时间运行。

6. 压缩机参考标准。

如表 4-8 所示。

表 4-8　压缩机国际生产通用标准

规定蒸发温度	7.2 ℃
规定冷凝温度	54.4 ℃
标准排气压力	2.16 MPa
标准吸气压力	0.4~0.77 MPa
标准吸气温度	35 ℃
规定过冷温度	46.1 ℃

4.5.5　实验报告

1. 实验数据记录及处理

将实验数据记入表 4-9 中。

表 4-9　原始数据记录表

测试项目		测试记录			平均值	备注
		1	2	3		
制冷剂状态参数	吸气压力/MPa					
	吸气温度/℃					
	排气压力/MPa					
	排气温度/℃					
	供液温度/℃					
	蒸发器出口温度/℃					

续表4-9

测试项目		测试记录			平均值	备注
		1	2	3		
冷却水	入口温度/℃					
	出口温度/℃					
	流量/(mL·s⁻¹)					
冷冻水	入口温度/℃					
	出口温度/℃					
	流量/(mL·s⁻¹)					
电动机输入电流/A 输入电压/V						
制冷剂流量/(mL·s⁻¹)						
室内环境温度/℃						

按照测得的制冷剂吸气压力、排气压力、吸气温度和过冷温度等参数，在 R12 的压焓图上绘测出制冷理论循环，并查出相关的参数，根据公式计算制冷系统的制冷量和制冷系数，在计算中取三次读数的平均值作为计算数据。

2. 分析与讨论

①分析实验结果，讨论影响制冷机性能的因素。

②影响压缩机性能的因素有哪些？影响压缩机制冷量的主要因素有哪些？

4.6　制冷系统常见故障诊断实验

提高制冷系统的可靠性，及时发现、诊断并排除故障是保证制冷系统正常运行的重要手段。

4.6.1　实验目的

①使学生更加清楚地掌握了解制冷系统的结构特点及工作原理。

②提高学生对整个空调、冰箱实际运行中常见故障的分析判断能力。

4.6.2 实验原理

1. 系统故障

在空调的实际维修工作中，系统故障主要是三方面原因：

①制冷剂泄漏，此故障率非常高，占所有故障的70%，所以有人说制冷工也是补漏工。

②系统有堵塞，使制冷剂无法循环制冷。堵塞分为脏堵和冰堵，因为这类故障在冰箱上比较常见，故此故障设在冰箱上。

③压缩机吸排气故障，指压缩机因机械磨损或其他原因造成排气压力不足。

2. 电控故障

电控故障在空调维修中是一个难点，而且故障率也很高，因此本实验设置了18个故障，主要提高学生对整个空调工作原理的理解以及对实际故障点的判断能力。

4.6.3 实验设备

1. 制冷系统综合试验台

系统主体由冰箱主体、系统故障模拟模块、配电柜部分、数据采集模块及自动化控制部分，以及数据采集软件组成，见图4-16。

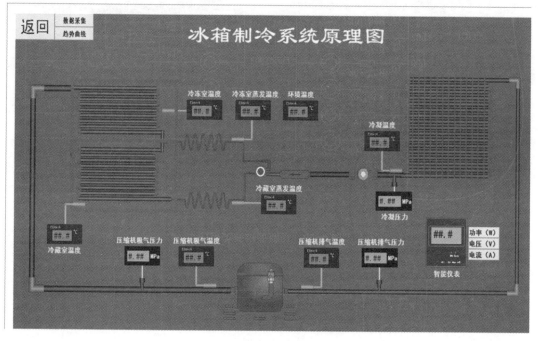

图4-16 制冷系统综合试验台

2. 变频空调制冷、制热试验台

实验装置是由空调制冷系统、电气测试及制冷系统原理图面板、数据监控面板等系统，以及数据采集软件组成，见图 4-17 所示。

其中变频空调系统主要由蒸发器、冷凝器、压缩机、节流控制阀、四通阀等部件组成；数据监控面板有单相智能功率表、嵌入式温度表、耐震压力表及其相关的传感器；电气测试面板包括电源开关、控制框架图、空调制冷系统原理图。

空调制冷系统数据控制板电路原理图见图 4-18~图 4-24 所示。

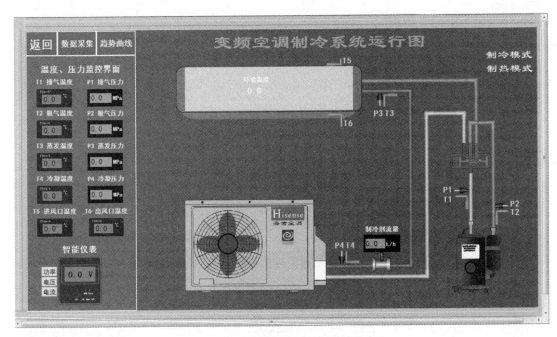

图 4-17　变频空调制冷、制热试验台

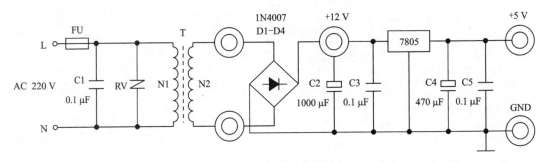

图 4-18　直流电源稳压电路

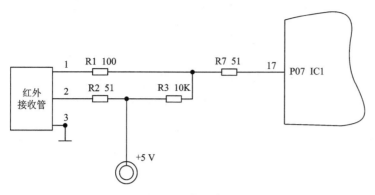

图 4-19 复位电路

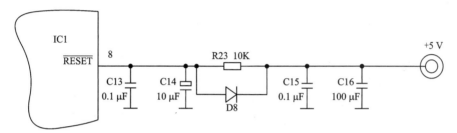

图 4-20 红外接收电路

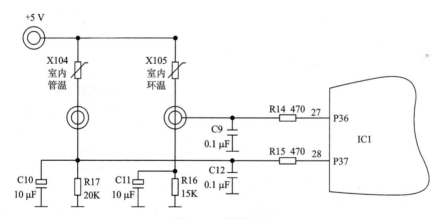

图 4-21 振荡电路

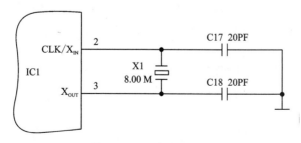

图 4-22 温度检测电路

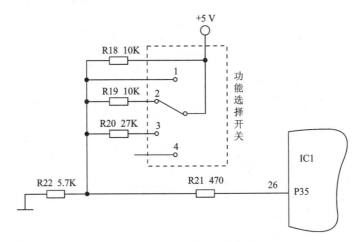

图 4-23　功能选择开关电路

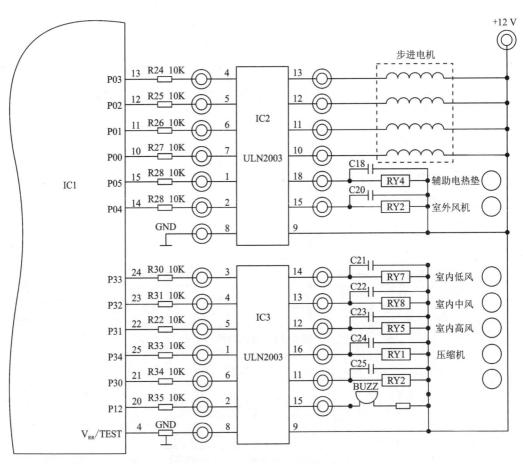

图 4-24　单片机 IC1 输出控制电路

4.6.4 实验内容与实验步骤

1)实验前须认真阅读实验指导书。

2)观察空调、冰箱制冷系统的组成及布置方式。

3)打开数据采集程序并运行。

4)冰箱制冷系统运行操作及故障设置与诊断。

①首先检查各个可调节式手阀的关闭,并按实验工况重新设置各个手阀的开启状态。

②启动电源,合上漏电保护开关,压缩机启动后,通过电冰箱面板上的不同调节按钮可以使电冰箱工作在不同的状态之下。

③模拟电冰箱制冷剂不足或者过量的实验操作步骤。

制冷剂不足:在压缩机开启的情况下关闭制冷系统中的部分手阀,使制冷剂运行管道被切断,所以由压缩机排气口排出的高温制冷剂气体经过冷凝器的冷却后被充注到储液罐中,运行一段时间后再通过关闭开启手阀使制冷系统管路畅通。由于一部分制冷剂被充注到储液罐中,制冷系统中就会出现制冷剂不足的现象。

制冷剂过量:在制冷系统正常运行时打开部分手阀,运行一段时间,则储液罐中多余的部分制冷剂就会被排放到管路中参与制冷循环,从而可以模拟制冷系统中制冷剂过量的各种实验现象。

④系统保压、检漏,以及抽真空、加制冷剂的实验操作步骤。

在压缩机开启的情况下关闭手阀,切断制冷剂运行管道,使压缩机排气口排出的高温制冷剂气体经过冷凝器的冷却后储存到储液罐中,持续运行一段时间,直到系统中的制冷剂全部被灌入冷凝器和储液罐时,切断压缩机电源,使整个制冷系统的制冷剂被隔离起来。便可以对制冷系统进行保压检漏等操作了。

检漏:人体感观的初步检查:手感温度、目视接头等连接处油渍痕迹;专业检测仪:电力表、卤素检漏灯、肥皂水检测、电子检漏仪。

抽真空:根据图 4-25 所示,连接制冷系统、歧管表和真空泵,启动真空泵达到所需要真空度并保持。

制冷剂充注:抽真空,关闭歧管表两侧修理阀,中间管连接制冷剂罐且充注至软管中,空气排尽后旋紧接口,高压液体充注。高压液体充注时开启高压侧检修阀,制冷剂罐倒放(或者低压气体充注:慢慢开启低压侧检修阀,制冷剂罐正放)。

⑤脏堵和冰堵。

a.电冰箱冰堵故障

现象:制冷剂不能循环,箱内温度升高,蒸发器上的霜就会融化。箱内温度升至一定程度时,冰堵处小冰块会融化,管道恢复畅通,制冷剂又能正常循环制冷,所以蒸发器又开始结霜,待温度降到一定程度时,制冷剂中的水分又在毛细管出口处结冰,发生冰堵。这种周期性的结霜、化霜现象就是冰堵故障,常发生在毛细管与蒸发器连接处。

排除方法:发生轻微冰堵时,可用热毛巾热敷毛细管出口处或用酒精棉花球点燃烘烤,能消除冰堵,制冷剂开始流动,并将融化的水抽回压缩机,并伴有"嘶嘶"流动声。这样处理后,电冰箱能恢复工作,可暂时使用。如果冰堵经常发生,应拆开制冷系统,将零部件进行

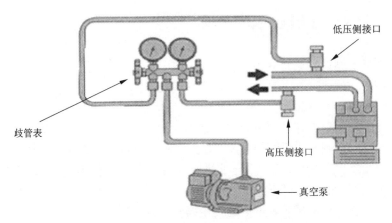

低压侧接口

歧管表

高压侧接口

真空泵

图 4-25　制冷系统充注连接示意图

干燥抽空，重新充灌制冷剂。

b. 电冰箱脏堵故障

半堵现象：蒸发器出现结霜不满的现象，导致电冰箱制冷不良、压缩机的工作时间也相对加长。毛细管阻力增加后，使冷凝压力增加，蒸发压力减小，压缩机的压缩比变大。这样冷凝器的冷凝温度和压缩机的外壳温度都比正常工作时要高，长期使用会使压缩机的使用寿命受到严重影响。

检查方法：严格测量电冰箱的冷冻室和冷藏室的温度，并仔细观察蒸发器表面的结霜情况。如果发现冷冻室、冷藏室温度不容易降低（冷却性能差），蒸发器表面不能全面结霜，冷凝温度偏高，压缩机发烫等现象（均与正常制冷状态相比），则可判定为有半堵存在的可能。

半堵的故障现象极易与制冷系统存在微漏（制冷剂不足）、压缩机压缩不良等故障现象混淆，但实际上它们之间也有不同之处，如压缩机、冷凝器的温度变化就不同。泄漏或压缩机不良时，冷凝器和压缩机的温度比正常运行时要低一些，半堵时则温度升高。

全堵现象：电冰箱不制冷，冷冻室蒸发器不结霜，若用加热融冰的办法处理无效，听不到液体流动声。电冰箱如果因全堵而造成不制冷，修理时应切开压缩机上的加液管。一般有两种可能：一种是会有大量的制冷剂排出；另一种则可能是加液管内处于真空状态。

检查和排除全堵故障，应首先确定全堵的部位。通过氮气分段充入找出堵塞是在高压部分还是低压部分。清除堵塞，按要求复原，冰箱即可恢复正常工作。

脏堵部位大多发生在干燥过滤器或毛细管进口附近，当然也不能完全排除发生在冷凝器或蒸发器。

⑥实验完成后将手阀调节回原位，然后切断系统电源。

5）变频空调系统运行操作及故障设置与诊断。

①通过遥控器开启空调系统，设定模式及调节温度、风速。

②制冷系统故障检测。

制冷系统的故障设置点及类型如表 4-10 所示。

表 4-10　制冷系统的故障设置点及类型

序号	故障设置点	故障类型
1	控制阀(1)	采用热力膨胀阀节流
2	控制阀(2)	毛细管脏堵、冰堵
3	控制阀(3)	制冷剂过量、液击
4	前柜门	冷凝器脏堵
5	自备挡风器具	蒸发器脏堵

注：正常工作时，控制阀(1)顺时针关紧，控制阀(2)逆时针全开，控制阀(3)顺时针关紧，冷凝器处前柜门应适当打开，或将右半部分的前柜门卸下放置柜里。当模拟制冷剂过量或液击故障时，控制阀(2)的开度不能太大，且尽量少用，以免缩短压缩机使用寿命(控制阀 1、2、3 设置在变频空调制冷制热实验台系统管路相应位置)。

6) 电路检测。

首先接通电源，合上漏电断路器。测量仪表上的各个温度表会亮，并显示各个不同位置的温度，打开旋钮开关，这时空调应处在待机状态。然后用万用表的交流 20 V 挡测变压器 T 的副边 N2 线圈的电压，把万用表挡拨到直流 20 V 挡上，分别测出+5 V、+12 V、UR_{16}、UR_{17} 与地之间的直流电压(电压 UR_{16}、UR_{17} 分别对应室内环温和室内管温)，并记录各温度表、压力表和 UR_{16}、UR_{17} 的值，填入表 4-11 中。

表 4-11　检测数据记录表

	吸气温度/℃	排气温度/℃	冷凝器温度/℃	蒸发器温度/℃	进风口温度/℃	出风口温度/℃	高压侧压力/Pa	低压侧压力/Pa	UR_{16} /V	UR_{17} /V
待机状态										

7) 电器元件测量。

压缩机：单相压缩机有两个绕组——运行绕组 CR 和启动绕组 CS。C 为公共端，R 为运行端，S 为启动端。在不同容量的压缩机中，电机绕组的阻值是不一样的。一般启动绕组阻值 R_{cs} 要大于运行绕组阻值 R_{cr}(除特殊电机)。在接线操作时，首先必须判别压缩机的三个接线端子。对普通压缩机来说，其判别依据是 $R_{cs}>R_{cr}$，且 $R_{sr}=R_{cr}+R_{cs}$。实际操作时，只要用万用表的欧姆 R×200 挡，在两两之间测量电阻，共测三次就可以判别出 C、R、S 三个端子。并记录 R_{cr}、R_{cs}、R_{sr} 的值。

电磁四通阀：四通换向阀故障检测方法有：①用万用表测线圈电阻值为 0 Ω，则说明线圈短路；若电阻值为无穷大，则说明线圈开路。记录线圈 RC 电阻值；②开机状态下，测换向阀线圈两端电压，如果电压正常，四通阀不换向，则说明换向阀机械卡死或左右毛细管堵塞；

如果两端无电压,则说明换向阀线圈控制回路有故障。

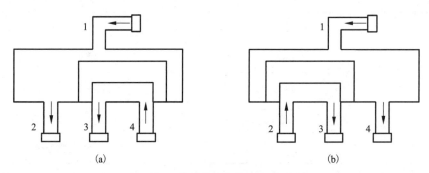

图 4-26　电磁四通阀两种工作状态

(a)制热时四通阀工作原理图;(b)制冷时四通阀工作原理图

8)压缩机启动电容器测量。

压缩机启动电容器测量方法有:①短接电容器,然后使之开路,用电容表对其进行测量。值得注意的是,在测量之前,要对电容器进行放电,避免烧坏电容表。②在电容器的两端加上 220 V 的交流电压,取下电源,用万用表两根表棒插入电容器的两端,双手各拿一只表笔,然后短接,瞬间会听到"啪"的一声,产生电弧。电容进行放电的过程,要在老师的监督指导下方可进行。保护继电器:用万用表的 R×200 Ω 挡进行测量,并记录 R_b 值。

9)运行测量。

首先接通电源,合上漏电断路器。测量仪表上的各个温度表会亮,并显示各个不同位置的温度,打开旋钮开关,这时空调应处在待机状态,根据室内环境温度的情况,用遥控器选择不同的模式工作,观察压缩机、室内风机、室外风机、电磁四通阀的工作情况及对应的指示灯情况。对数据进行记录,填入表 4-12 中。

10)注意事项。

①在上空调实验课时,往往需要经常开启空调,因此需在电路中设置延时保护电路,即压缩机在停机到开机之间时间应大于 3 min,从而保证压缩机能正常启动。

②在测量直流电压时,一定要注意不要与地短接。

③实验完毕,关掉漏电保护器,将调压器调至最小,拔掉插头。

4.6.5　实验报告

1. 实验数据记录及处理

运行数据记录如表 4-12 所示。

表 4-12　运行数据记录表

	吸气温度/℃	排气温度/℃	冷凝器温度/℃	蒸发器温度/℃	进风口温度/℃	出风口温度/℃	高压侧压力/Pa	低压侧压力/Pa
待　机状　态								
制冷开机10 min 后								
除湿开机5 min								
通风开机5 min								
制热开机10 min								

2. 分析与讨论

①通过实验记录数据分析制冷系统不同运行状态下的参数变化情况。

②将实验中故障现象、故障名称、故障原因以及检测办法记录下来,并说明故障排除方法。

③说明冰堵是如何形成的,其故障现象是什么,脏堵与冰堵的区别,以及如何判断电冰箱是半堵还是全堵,如何进行脏堵与冰堵故障的维修。

④说明电磁四通阀工作原理,单冷型分体空调器中是否用到电磁四通阀。

⑤说明压缩机采用电容运转启动有几种方式。

第 5 章　泵与风机

在集中空调系统和供热系统中,存在大量的泵和风机,掌握风机、水泵运行特性的测量方法,避免出现水泵汽蚀,保持设备高效率运行是十分必要的。本章主要介绍、水泵性能实验、水泵汽蚀实验和风机性能实验。

5.1　水泵性能实验

水泵性能实验主要是通过实验得到水泵的流量、扬程、转速、效率等之间的关系曲线,从而掌握水泵的工作性能,因此,水泵的性能实验对于水泵的设计和运行是非常重要的。

5.1.1　实验目的

①绘制泵的工作性能曲线,了解泵的性能曲线的用途。
②掌握泵的基本实验方法及其各参数的测试技术。
③了解实验装置的整体结构,掌握主要设备和仪器仪表的性能及使用方法。

5.1.2　实验原理

水泵的性能曲线是指泵在一定转速 n 下,扬程 H、轴功率 P_a、效率 η 与流量 Q 间的关系曲线。理论和实践表明,水泵工作时,其扬程、轴功率、效率和流量之间有内在联系。当流量变化时,其他参数会随之变化。因此水泵性能实验可通过调节流量(即改变管路阻力)来调节工况,从而得到不同工况点的参数。然后,再把它们换算到规定转速下的参数,在同一幅曲线图上绘制出 $H\text{-}Q$、$P_a\text{-}Q$、$\eta\text{-}Q$ 的关系曲线。

5.1.3　实验设备

本实验采用的实验装置如图 5-1 所示,为一种开式倒灌式实验机组,它由水箱、管路、马达天平测功机、泵、流量表、压力表、阀门等组成。

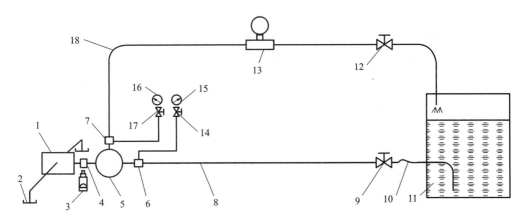

图 5-1　汽蚀实验装置

1—马达天平测功机；2—天平托盘；3—转速测量仪；4—联轴器；5—泵；6—进口取压段；

7—出口取压段；8—进口管；9—进口球阀；10—缓冲节；11—水箱；12—出口球阀；

13—流量表；14—进口取压阀；15—真空压力表；16—压力表；17—出口取压阀；18—出口管

5.1.4　实验内容及步骤

1. 流量 Q 测量

实验采用智能流量一体化流量仪直接测量流量，流量参数可从表中直接读出。流量大小通过调节阀进行调节。

2. 扬程 H 测量

扬程为流体通过泵所获得的能量。实验中水泵扬程是在测得泵的进、出口压力和流速后经计算得到的。进口压力通过真空压力表测得，出口压力通过压力表测得。

$$H = \frac{(p_2 - p_1)}{\rho g} + (Z_2 - Z_1) + \frac{(v_2^2 - v_1^2)}{2g} \tag{5-1}$$

式中：H_2——出口处水泵扬程，m；

p_1——入口处压力(负压)，Pa；

p_2——出口处压力，Pa；

Z_2、Z_1——压力表中心到基准面的垂直距离，m；

v_2、v_1——进、出口水管流体流速，m/s；

ρ——水的密度，kg/m^3；

g——重力加速度，m/s^2。

由于水泵进、出口管径相同，且实验装置两压力表中心高一致，则 $v_2 = v_1$，$Z_2 = Z_1$，因此，扬程计算简化为：

$$H = (p_2 - p_1)/\rho g \tag{5-2}$$

3. 转速 n 测量

转速采用手持式电子转速表测量，将转速表光束照射在粘有反光片的旋转联轴器外周，即可直接读取泵轴的实时转速。注意转速表必须垂直对准反光片，否则没有读数或读数不准。

4. 轴功率测量

本实验台采用转矩法测量轴功率，测量装置俗称马达天平。

$$P_a = \frac{\pi Mn}{3} \times 10^{-4} \tag{5-3}$$

$$M = W \times L \tag{5-4}$$

其中：P_a——水泵轴功率，kW；

　　　M——扭矩，Nm；

　　　W——砝码质量，kg；

　　　L——力臂长，$L = 0.974$ m；

　　　n——转速，r/min。

5.1.5　实验报告

1. 实验数据记录

在不同的流量下(至少调节 7 个不同流量)进行实验，将所测数据记录到表 5-1。

表 5-1　水泵实验数据汇总表

序号	P_1/P_a	P_2/P_a	n /(r · min^{-1})	W /Nm	Q /(L · s^{-1})
1					
2					
3					

2. 实验数据处理

通过换算公式将实测数据换算成 $n_{sp} = 2860$ r/min 时的值，并记录到表 5-5 中。

表 5-2　参数换算表

序号	实测值				$n_{sp} = 2860$ r/min 时的值			
	Q /(L · s^{-1})	H /m	P_a /kW	n /(r · min^{-1})	Q_0 /(L · s^{-1})	H_0 /m	P_{a0} /kW	η /%
1								
2								
3								

换算公式如下：

$$Q_0 = Q(n_{sp}/n) \tag{5-5}$$

$$H_0 = H(n_{sp}/n)^2 \tag{5-6}$$

$$P_{a0} = P_a(n_{sp}/n)^3 \tag{5-7}$$

$$\eta = \frac{\rho g H_0 Q_0}{1000 P_{a0}} \times 100\% \tag{5-8}$$

根据表 5-5 数据,在同一坐标纸上绘出 H-Q、P_a-Q、η-Q 性能曲线图。

3. 分析与讨论

①试分析泵的性能曲线有什么特点。

②说明泵的性能曲线在水泵运行中的用途。

5.2　水泵汽蚀实验

水泵工作过程中,当泵内某点压力降到工作温度水的饱和压力之下时,水就开始汽化,造成水泵的功率、效率、流量和扬程等参数突然下降,导致水泵不能正常工作,同时还会产生噪声和振动,因此,水泵在运行时,要尽量避免汽蚀。

5.2.1　实验目的

①确定水泵在工作范围内,扬程 H 与有效汽蚀余量 $NPSH_a$、流量 Q 与临界汽蚀余量 $NPSH_c$ 的关系,并绘制 H-$NPSH_a$、$NPSH_c$-Q 关系曲线。

②掌握水泵汽蚀实验原理、实验方法和技巧。

③学会使用相应实验设备、仪器仪表,掌握实验数据的处理方法,从而得到正确的实验结果。

5.2.2　实验原理

由水泵的汽蚀理论可知,在一定转速和流量下,泵的必需汽蚀余量 $NPSH_r$ 是一个定值。但装置的有效汽蚀余量 $NPSH_a$ 却随装置情况的变化而变化,因此可以通过改变吸入装置来改变 $NPSH_a$。当泵发生汽蚀时,$NPSH_a = NPSH_r = NPSH_c$,其中 $NPSH_r$ 为必需汽蚀余量,$NPSH_c$ 为临界汽蚀余量。本实验采用逐步调小水泵进口阀门,相应调大水泵出口阀门,始终保持流量不变的方法来进行。实验过程中,由于进口管路的流体能量消耗持续增大,水泵有效汽蚀余量逐渐降低,水泵工况持续朝汽蚀方向发展,当 $NPSH_a$ 降至 $NPSH_r$ 时,汽蚀产生,此时的 $NPSH_a$ 即为 $NPSH_c$。运行中,$NPSH_r$ 不易测得,而 $NPSH_a$ 可从泵外测得,因此,规定在给定流量下,实验扬程下降$(2+K/2)$%时的 $NPSH_a$ 为该流量下的 $NPSH_c$ 值,且不同流量有不同的 $NPSH_c$。上述 K 为形式数,为无因次量,其定义如下:

$$K = \frac{2\pi n \sqrt{Q}}{60(gH)^{\frac{3}{4}}} \tag{5-9}$$

式中:n——转速,r/min;

Q——泵设计工况点流量，m^3/s；

H——泵设计工况点扬程，m；

g——重力加速度，$9.806\ m/s^2$。

注：形式数按泵设计工况点计算。

在开式实验台上，改变泵进口节流阀的开度，实际上是改变吸入管路阻力，使 $NPSH_a$ 改变，为了使流量保持不变，同时也须调节出口阀门的开度。

汽蚀实验要测取的参数有 Q、H、n 和 $NPSH_a$，其中 Q、H、n 的测量与性能实验相同，主要是 $NPSH_a$ 的测量。

$$NPSH_a = (P_{amb} - P_v)/\rho g + \frac{v_1^2}{2g} - H_1 \qquad (5-10)$$

式中：$NPSH_a$——有效汽蚀余量，m；

P_{amb}——环境大气压力，Pa（可查表）；

P_v——实验温度下的液体汽化压力，Pa（可查表）；

H_1——真空压力表读数，Pa；

ρ——液体密度，kg/m^3（可查表）；

v_1——液体入口平均流速，m/s。

注：水泵进口内径为 $D_n = 40\ mm$。

5.2.3　实验设备

水泵汽蚀实验装置见图 5-1。

汽蚀实验的具体操作就是操作进、出管路上的两只球阀，操作时须同时配合调节阀门的开关，切不可幅度太大，因为汽蚀试验时，特别是汽蚀发生后，出口压力及进口真空度的变化会很剧烈。

5.2.4　实验内容及步骤

①在泵的工作范围内选取 3 个流量，即最小、额定、最大流量。每一流量至少测 8 个点。

②进口阀门(9)渐关，同时出口阀门(12)渐开，保持流量不变，依次让 $NPSH_a$ 顺序变小。

③实验中汽蚀发生点的判定是关键。当汽蚀发生时，扬程（出口压力）有明显下降，同时噪音和振动明显增大。因此，实验时应在汽蚀发生点附近适当加密测点以便作出较完整清晰的汽蚀曲线。

5.2.5　实验报告

1. 实验数据记录

实验数据可填入表 5-3 中。

表 5-3　水泵汽蚀实验数据汇总表

$Q/(\text{L} \cdot \text{s}^{-1})$	点号	H_1/m	H_2/m	$n/(\text{r} \cdot \text{min}^{-1})$	$P_{\text{amb}}/\text{kPa}$	$t_1/℃$
	1					
	2					
	3					
	4					

注：H_2 为水泵出口处压力表读数，Pa。

2. 实验数据处理

①按公式(5-2)和式(5-10)计算出 H、NPSH_a，结果列入表 5-4 中。

表 5-4　实验结果(一)

$Q/(\text{L} \cdot \text{s}^{-1})$	点号	H/m	NPSH_a/m
	1		
	2		
	3		

②根据表 5-4 数据作出每个流量的 H-NPSH_a 曲线。

③根据确定 NPSH_c 值的条件，在每个流量 Q 的 H-NPSH_a 曲线上找出对应的 NPSH_c 值，并转换为额定转速 n_{sp} 下的 Q_0、NPSH_{CO}，结果列于表 5-5，最后作出 Q_0-NPSH_{CO} 曲线图。

转换关系如下

$$Q_0 = Q(n_{\text{sp}}/n)、\text{NPSH}_{CO} = \text{NPSH}_c(n_{\text{sp}}/n)^2$$

表 5-5　实验结果(二)

序号	$Q/(\text{L} \cdot \text{s}^{-1})$	NPSH_c/m	$n_{\text{sp}} = 2680$ r/min 时值	
			$Q_0/(\text{L} \cdot \text{s}^{-1})$	$\text{NPSH}_{CO}/\text{m}$
1				
2				
3				

3. 分析与讨论

①试述水泵汽蚀的测试方法及优缺点。

②试分析 Q-NPSH_c 曲线形状与工况的关系。

5.3 风机性能实验

风机性能实验主要是通过实验得到风机的全压、静压、功率、静压效率等之间的关系曲线，从而掌握风机的工作性能，因此，风机的性能实验对风机的设计和运行是非常重要的。

5.3.1 实验目的

①通过实验深入了解风机的性能，熟悉选用风机时必须提供的技术数据。
②掌握风机性能实验的方法。

5.3.2 实验原理

离心式风机是叶片式流体机械，在假设叶片无限多，流体为理想流体的情况下，单位重量流体通过叶轮所获得的能量表达式为：

$$H_{T\infty} = \frac{u_2}{g} v_{2u\infty} \tag{5-11}$$

式中：$H_{T\infty}$——单位重量流体获得的能量，m；

u_2——叶轮出口圆周速度，m/s；

$v_{2u\infty}$——叶轮出口绝对速度的切向分量，m/s。

在离心风机中习惯于计算单位体积流体通过风机所获得的能量，这样，就要将式(5-11)两边乘以气体重度 γ，即

$$H_{T\infty} \gamma = p_{T\infty} = \rho u_2 v_{2u\infty} \tag{5-12}$$

式中：$p_{T\infty}$——风机的理论全压，N/m²；

γ——气体的重度，N/m³。

由于实际流体是在有限多叶片的叶轮中流动的，将产生各种损失，使风机的实际流量与全压性能线 $Q\text{-}P$ 成为一条曲线。离心风机的实际全压 P 表示单位体积气体流过风机时实际获得的能量，它等于单位体积气体在风机出口与进口两处所具有的能量差。因为风机中气体的重度小，其位能可忽略不计，故风机出口与进口的能量差为：

$$P = \left(P_2 + \gamma \frac{V_2^2}{2g}\right) - \left(P_1 + \gamma \frac{V_1^2}{2g}\right) = (P_2 - P_1) + \gamma \frac{V_2^2 - V_1^2}{2g} = P_s + P_d \tag{5-12}$$

$$P_d = \gamma \frac{V_2^2 - V_1^2}{2g} \tag{5-13}$$

$$P_0 = P_s + P_d \tag{5-14}$$

式中：P_s——风机的静压，N/m²；

P_1，P_2——风机进出口的静压，N/m²；

P_d——风机的动压，N/m²；

P_0——风机的全压，N/m²。

如果风机是从静止的大气中抽取气体，即 $V_1 \approx 0$，$P_1 = P_a$，则风机的静压就是风机出口静

压的表压值。

$$P_s = P_2 - P_a \tag{5-15}$$

而风机的动压就是通风机出口的动压。

$$P_d = \gamma \frac{V_2^2}{2g} \tag{5-16}$$

风机的性能曲线，除了流量-全压 $(Q-P)$ 曲线外，还有流量-静压 $(Q-P_s)$，流量-功率 $(Q-N)$ 和流量-静压效率 $(Q-\eta_s)$ 三条曲线。为了作出这些性能曲线，需测出实验工况下风机的出口静压的表压值 P_{s1}，出口动压 P_{d1}，轴功率 N_1，转速 n_1 和流量 Q_1。

5.3.3　实验设备

离心风机的实验装置如图 5-3 所示。本实验采用的是排气实验装置，测点在横截面上的分布用对数-线性法确定，而不用精度较差的切线法确定。实验风机的入口风管处装有风量调节阀，可调节风机的流量。风机转速可用变频器调节。

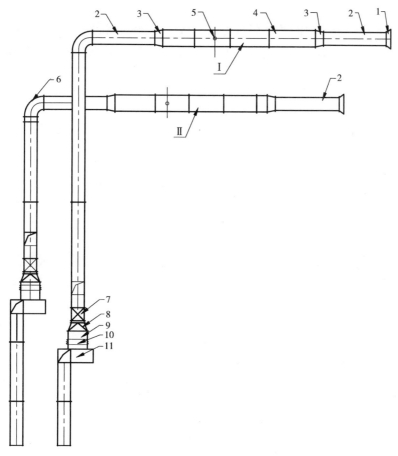

图 5-3　离心风机性能实验装置

1—喇叭口；2—方管 1；3—变径管；4—风管 2；5—圆柱绕流装置；6—弯头；
7—风量调节阀；8—风机入口端变径管；9—风管；10—软接；11—风机
I—第一套；II—第二套

5.3.4 实验内容及步骤

1. 测量实验工况下风机的静压 P_{s1} 和动压 P_{d1}

在风机入口和出口风管上测量静压和动压。测出的静压 P'_s 加上从风机出口到测量截面的静压损失，即为风机出口的静压，用下式计算。

$$P_{s1} = P'_s + \lambda \frac{L}{D} p_{d1} \tag{5-17}$$

式中：P_{s1}——风机出口的静压，N/m^2；

L——风机出口到测量截面的距离，m；

D——风管的当量直径，m；

P'_s——实验工况下测得的静压表压值，N/m^2；

P_{d1}——实验工况下测得的动压，N/m^2。

取摩擦阻力系数 $\lambda = 0.025$。

风机的动压 P_{d1} 是用皮托-静压管按对数-线性法选测点进行测定的，在两个相互垂直的直径上各取 6 个测点，共取 12 个测点，6 个测点距壁面的位置分别是：$0.032D$，$0.135D$，$0.321D$，$0.679D$，$0.865D$，$0.968D$。

动压用电子微差压计测量，可直接计数。

$$P_{d1} = \gamma_1 \frac{V_2^2}{2g} = \frac{\sum\limits_{i=1}^{12} P_{di}}{12} \tag{5-18}$$

式中：P_{d1}——平均动压，N/m^2；

P_{di}——截面各点的动压，N/m^2；

v_2——截面 2 风速，m/s。

2. 测量实验工况下通风机的流量 Q

单位时间内风机输送出的气体体积，叫作风机的流量。风机铭牌上或产品样本上标明的流量是指在标准技术状态（$P_0 = 760 \text{ mmHg}$，$T_0 = 293 \text{ K}$，$\gamma_0 = 1.2 \text{ kgf/m}^3$，相对湿度 $\varphi = 50\%$）和额定转速下的流量。

这里是利用皮托管静压测得的动压来计算风机流量的，由式(5-19)的动压，可计算出：

$$V_2 = \sqrt{\frac{2g}{\gamma_1} \times \frac{1}{12} \sum_{i=1}^{12} P_{di} \xi} \tag{5-19}$$

其中

$$\gamma_1 = \frac{P_a + P_{s1}}{RT'_1} \tag{5-20}$$

式中：γ_1——风机出口气体的重度，N/m^3；

ξ——皮托管的校正系数；

P_a——当地大气压，N/m^2；

P_{s1}——风机静压，N/m^2；

R——气体常数，对空气 $R = 29.3$ J/(kg·K)；

T_1'——风机出口测得的气体绝对温度，K。

风机流量可用式(5-21)计算：

$$Q_1 = \frac{\pi D^2}{4} V_2 \tag{5-21}$$

式中：Q_1——风机出口处流量，m^3/s；

D——风机出口管道直径，m。

3. 测量风机轴功率 N_1

$$N_1 = N_i \eta_g \tag{5-22}$$

式中：N_1——风机轴功率，kW；

N_i——电动机的输入功率，用功率表测量，kW；

η_g——电动机效率，按 D27-59《三相异步电动机试验方法》测定。

4. 测量风机转速 n_1

使用手持转速表测量。

5. 数据换算

根据相似原理，将实际工况数据换算至额定转速下的值，换算关系如下：

$$Q = Q_1 \left(\frac{n}{n_1} \right) \tag{5-23}$$

$$P = P_1 \left(\frac{n}{n_1} \right)^2 \tag{5-24}$$

$$N = N_1 \left(\frac{n}{n_1} \right)^3 \tag{5-25}$$

式中：Q、P、N、n——额定转速 n 下的值；

Q_1、P_1、N_1、n_1——实验转速 n_1 下的值。

此外，还要把实验状态($P_a + P_{s1}$、T_1、γ_1)换算到标准技术状态($P_0 = 760$ mmHg，$T_0 = 293$ K，$\gamma_0 = 1.2$ kgf/m^3)，则

$$P = P_1 \left(\frac{n}{n_1} \right)^2 \left(\frac{\gamma_0}{\gamma_1} \right) \tag{5-26}$$

$$N = N_1 \left(\frac{n}{n_1} \right)^3 \left(\frac{\gamma_0}{\gamma_1} \right) \tag{5-27}$$

其中 Q 仍用公式(5-23)计算。

6. 注意事项

①要在风机进行运转实验合格后，才能做性能实验。检查设备和仪器一切正常后，关闭风机入口管的调节阀，变频调速器指向 10 Hz 左右，启动风机。

②逐渐调高频率，稳定后测量；再开大风量调节阀，流量由小变大。每改变一次风量，分别记录静压、动压、转速、功率等有关数据。共测 8 个实验点。

5.3.5　实验报告

1. 实验数据记录

在不同频率下进行实验，并将实测数据及其计算结果列表 5-6 中。

表 5-6　风机性能实验测量数据汇总表

室温 $t/\text{℃}$ _____；　　　　　大气压 P_a/mmHg _____；

离心风机型号 _____；　　　　主轴额定转速 $n/(\text{r}\cdot\text{min}^{-1})$ _____；

电动机型号 _____；　　　　　实验风管直径(或当量直径) D/m _____。

风速管校正系数 ξ

序号	测量值				计算值		
	p_{d1} /mmH$_2$O	p'_{s1} /mmH$_2$O	T_1 /K	N_i /kW	p_{s1} /mmH$_2$O	Q_1 /(kg·s^{-1})	N_1 /kW
1							
2							
3							
4							

2. 实验数据处理

根据实验数据画出离心风机的 $Q\text{-}P$、$Q\text{-}P_s$、$Q\text{-}N$ 和 $Q\text{-}\eta_s$ 性能曲线。

3. 分析与讨论

①试述测量风机风量、全压、静压、动压的原理和实验方法。

②根据得到的风机性能曲线分析风机的各项性能。

第6章 供热系统及设备实验

供热系统主要是指以热水和蒸汽作为热媒向热用户进行供暖(采暖)和供热的热力系统。供热系统主要由热媒制备(热源)、热媒输送(热力网即热网)和热媒利用(散热设备)三个主要部分组成。供热方案的选择、供热管网的设计和散热器等设备的性能直接关系到供热系统的经济和运行。

6.1 散热器热工性能实验

散热器是室内供暖系统的终端散热设备,是将流过热媒的热量以热传导、对流、辐射的形式传递给室内的空气。散热器分为钢制、铝合金、铜铝复合、不锈钢、铸铁等类型。一般安装在房间内墙面上。选用散热器除考虑制造、安装、卫生、美观、经济等指标外,其热工性能的优劣是最为重要的指标。实践表明,影响散热器热工性能的因素有很多,无法用一个解析式来定量地表达,故散热器的热工性能一般是由实验来确定的。

6.1.1 实验目的

①了解供水低于 100 ℃(一般为 90 ℃),回水为 75 ℃的机械循环散热器供暖系统的组成设备和系统构成。

②通过实验掌握散热器热工性能测定方法和使用仪器。

③通过实验得到散热器的散热量 Q 和传热系数 K,并找出 K 和传热温差 ΔT 的函数关系。

6.1.2 实验原理

散热器在稳定条件下散热时,热媒供给的热量等于散热器表面散出的热量。为了通过实验测得散热器的散热量,就要使实验装置和系统达到稳定的温度状态。此时测量流过散热器的水量和散热器进、出口水的温降后,即可求得散热器的散热量 Q。

$$Q = GC(t_g - t_h) \tag{6-1}$$

式中:Q——散热器的散热量,kW;

G——流过散热器的热水流量，kg/s；

C——水的比热容，kJ/(kg·℃)；

t_g——散热器的进口水温，℃；

t_h——散热器的出口水温，℃。

散热器的传热系数为：

$$K=\frac{Q}{F(t_{pj}-t_n)}\beta_1\beta_2\beta_3 \qquad (6-2)$$

式中：K——散热器的传热系数，W/(m²·℃)；

F——散热器的散热面积，m²；

Q——散热器的散热量，W；

t_{pj}——散热器内热媒平均温度，℃；

t_n——供暖室内计算温度，℃，取离散热器中心1.5 m、距地面也为1.5 m处的温度；

β_1——散热器组装片数修整系数，取0.9~1；

β_2——散热器连接形式修整系数，取1；

β_3——散热器安装形式修整系数，取0.98。

散热器的传热系数 K 是表示当散热器内热媒平均温度 t_{pj} 与室内空气温度 t_n 的差为1℃时，每平方米散热面积单位时间放出的热量，单位为 W/(m²·℃)。影响散热器传热系数的最主要因素是散热器内热媒平均温度与空气温度差值 Δt_p。另外散热器的材质、几何尺寸、结构形式、表面喷涂、热媒种类、温度、流量、室内空气温度、散热器的安装方式、片数等条件都将影响传热系数的大小，可通过实验方法得到散热器传热系数公式：

$$K=a(\Delta t_{pj})^b=a(t_{pj}-t_n)^b \qquad (6-3)$$

式中：K——在实验条件下，散热器的传热系数，W/(m²·℃)；

a、b——由实验确定的系数，取决于散热器的类型和安装方式；

Δt_{pj}——散热器内热媒与空气的对数平均温差，可近似用算术平均温差代替，$\Delta t_{pj}=t_{pj}-t_n$；

t_{pj}——散热器内热媒平均温度，℃，$t_{pj}=\dfrac{t_g+t_h}{2}$。

可以看出散热器内热媒平均温度与室内空气温差 Δt_{pj} 越大，散热器的传热系数 K 就越大，传热量就越多。

散热器的阻力 p_j 可用下式计算：

$$p_j=\Delta h\times\gamma \qquad (6-4)$$

式中：Δh——散热器进口与出口流体高差，m；

γ——流体容重，N/m³。

根据公式(6-3)得表达式为：

$$K=a(\Delta t_{pj})^b=a\left(\frac{t_g+t_h}{2}-t_n\right)^b \qquad (6-5)$$

对式(6-5)取自然对数，将函数线性化得：

$$\ln K=\ln a+b\ln\Delta t \qquad (6-6)$$

式中 a、b 值由已知的实验及计算结果，按最小二乘法(即各测点与曲线的偏差的平方和为最小)求出，即得：

$$\ln a = \frac{\sum (\ln\Delta t_{pj}\ln k) \sum \ln\Delta t_{pj} - \sum \ln k \sum (\ln\Delta t_{pj})^2}{(\sum \ln\Delta t_{pj})^2 - n'\sum (\ln\Delta t_{pj})^2} \tag{6-7}$$

$$b = \frac{\sum (\ln\Delta t_{pj}\ln k) \sum \ln k - n'\sum (\ln\Delta t_{pj}\ln k)}{(\sum \ln\Delta t_{pj})^2 - n'\sum (\ln\Delta t_{pj})^2} \tag{6-8}$$

式中：n'——实验总次数。

由公式(6-7)和(6-8)计算的 a、b 值代入式(6-3)，这样就得出了 $K = f(\Delta t_{pj})^b$ 具体关系式，从而可画出 K-Δt_{pj} 曲线。

6.1.3 实验设备

实验设备如图 6-1 所示，低位水箱内的回水被循环泵打入高位水箱，在此由电加热器将水加热到一定温度，被加热后的水流入散热器向室内环境散热后温度降低，回水通过管道流回低位水箱。当循环泵打入高位水箱的水量大于散热器回路所需流量时，多余的水量通过溢流管从高位水箱直接流入低位水箱。散热器的进水温度、出水温度、房间内温度均用热电偶测得，散热器的流量用转子流量计测得。

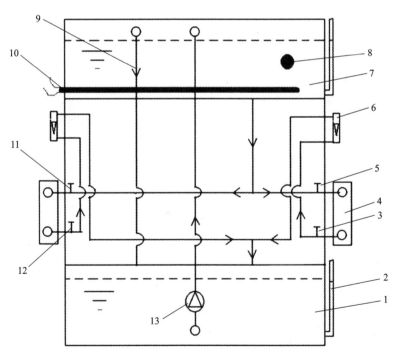

图 6-1 散热器热工性能实验装置示意图

1—回水水箱；2—水位计；3—回水温度测点；4—散热器；5—进水温度测点；6—转子流量计；7—供水水箱；
8—供水温度传感器；9—溢流管；10—电加热器；11—进水温度测点；12—回水温度测点；13—水泵

6.1.4 实验内容及步骤

①测量散热器面积。

②将低位水箱装满水，接通电源，启动循环水泵，使系统水正常循环，待高位水箱溢流后，开始接通电热器电源，加热系统循环水。

③设定高位水箱温度，待水箱内水温达到设定温度时打开散热器管路各个阀门，并调节流量，使之达到一个稳定值。

④运行一定时间，水箱温度、散热器进、出口温度及室内温度等数据稳定时，可记录这些数据，一组实验结束。

⑤改变工况，重新设定高位水箱温度（即高温、中温、低温），重复以上操作，稳定之后再做记录，以此反复做四组以上实验。散热器进水温度控制在 45~90 ℃范围内。

⑥每组实验过程中，散热器流量应保持不变，即整个实验过程是在等流量条件下进行的。

⑦实验测试完毕，关闭电加热器，停止运行循环水泵。

6.1.5 实验报告

1. 数据记录及处理

将所测得数据记入表 6-1 中。

表 6-1 原始数据记录　　　　散热器散热面积 $F=$ 　　 m^2

实验组数	室内温度 t_n/℃	进水温度 t_g/℃	出水温度 t_h/℃	流量读数 V/(L·h^{-1})	备注
1					
2					
3					
4					

根据实验数据计算出传热系数 K 和散热器的阻力 p_j，并画出 K-Δt_{pj} 曲线。

2. 分析与讨论

①散热器散热量与哪些因素有关？本次实验限定了哪些影响因素？

②分析实验数据误差，提出实验存在问题及改进意见。

6.2　采(供)暖系统演示实验

以热水作为热媒的供暖系统,称为热水供暖系统。热水供暖系统按系统循环不同可分为重力(自然)循环系统和机械循环系统;按供、回水方式不同可分为单管系统和双管系统;按系统管道敷设方式不同可分为垂直式和水平式;按热媒温度不同可为低温供暖系统和高温水供暖系统。各种形式的供暖系统都有各自的优缺点,因此工程设计时需要根据建筑物的特点、供暖的性质来决定选用能充分发挥其优点而不利因素影响较小的系统形式。

其中机械循环热水供暖系统具有作用半径大、系统相比其他方式管径较小、系统循环时的热损失小、运行安全可靠等一系列优点,且它有多种系统形式,可以满足各种不同性质建筑物的需要。为此需要掌握机械循环热水供暖系统各种形式的优劣评价。

6.2.1　实验目的

①了解机械循环热水采暖系统的工作原理。

②了解机械循环热水采暖系统的主要形式及其特点。

③了解机械循环热水采暖系统中锅炉、循环水泵、膨胀水箱、集气罐、排气管的作用及其安装特点,了解常见的热水采暖系统形式,掌握系统中各部件的作用及连接方式。

6.2.2　实验原理

我们知道,自然循环热水采暖系统的循环动力为散热器中心和锅炉之间高度内的水柱密度差。

$$\Delta P = gh(\rho_h - \rho_g) \qquad (6\text{-}9)$$

式中:ΔP——自然循环系统的作用压力,Pa;

g——重力加速度,m/s^2,取 9.81 m/s^2;

h——加热中心到冷却中心的垂直距离,m;

ρ_h——水冷却后的密度,kg/m^3;

ρ_g——热水的密度,kg/m^3。

热水采暖系统的作用压头为水泵的压头和自然作用压头共同作用,见图 6-2。

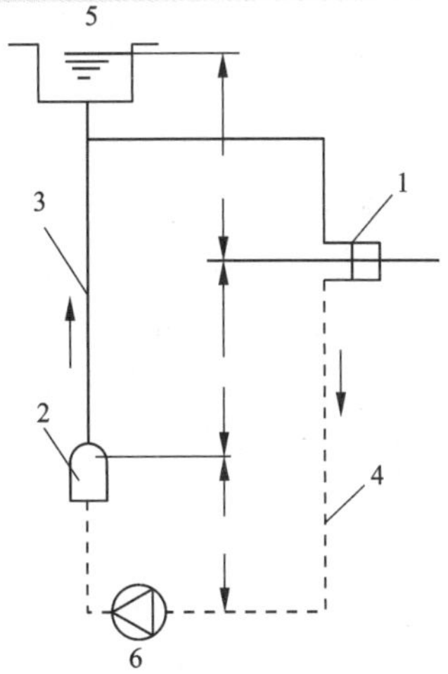

机械循环热水采暖系统中,由于作用压头大,水在管内流速大,管径相对小些,从而循环时水在系统中的冷却温降小,其密度差也小。其循环动力主要靠水泵产生的压力,由于水泵的作用压力可以根据需要选取,因此机械循环的作用半径远比自然循环系统大。

图 6-2　机械循环热水供暖工作原理

1—散热器;2—热水锅炉;3—供水管路;
4—回水管路;5—膨胀水箱;6—循环水泵

6.2.3　实验设备

实验系统结构如图6-3所示：

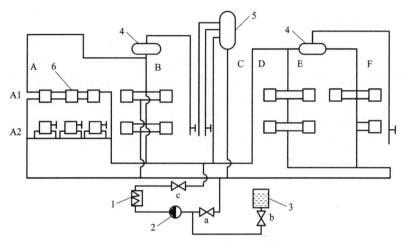

图6-3　采暖系统玻璃模型示意图

1—锅炉；2—循环水泵；3—给水箱；4—集气罐；5—膨胀水箱；6—散热器

本实验所用装置如图6-3所示。系统中各主要部件均为玻璃制作，其主要连接亦是采用玻璃管。在立管A上面有两组散热器，其中A1组为水平顺流式系统，它节省管材但无法对散热器的散热量进行局部调节；A2组散热器为水平单管跨越式系统，可对散热器的散热量进行局部调节。

立管B上面散热器的连接形式为双管下供下回式系统，该系统的特点是：各层阻力平衡较容易，而排除系统中的空气较难，一般通过空气管或顶层散热器上的跑风阀进行排气，本装置利用集气罐排气。

立管C连着膨胀水箱，其作用为收储热水膨胀的体积和补充水冷却收缩的体积（在自然循环上供下回式系统中可起到排空气的作用），膨胀水箱设有检查管和溢流管。

立管F上的系统为单管跨越系统，它克服了单管顺流式系统无法调节个别散热器热量的缺点。

立管E上的系统为单管顺流式系统，其最大缺点是不能对个别散热器的散热量进行调节，尽管其"垂直失调"现象不严重。

6.2.4　实验内容及步骤

①熟悉玻璃模型供暖系统各种形式的组成特点、连接方式以及优缺点，明确整个系统中的主要部件的作用。同时根据实验装置中各个供热系统的特点，布置温度测量的具体位置并标出序号。

②向系统充水。首先打开管路上的阀门使整个系统畅通，然后打开阀门（b）和（c），启动

水泵, 向系统充水。充水时要让系统中的空气从集气罐和膨胀水箱中排出。系统充满水后, 关闭阀门 b, 打开阀门 a, 在水泵作用下, 水沿供水干管进入散热器, 经回水干管返回水泵吸入口, 如此不断循环, 将热量散到供暖房间。

③观察排气管、集气管、膨胀水箱以及系统其他部位的工作情况。

④演示结束之后, 将水泵断电, 打开排气阀门及泄水阀, 系统中的水全部放掉。本装置中由于位置的限制, 没另设排水管, 排污泄水同用一根管。

6.2.5　实验报告

1. 数据记录

在实验加热过程中, 将系统中布置的测点温度记录在表 6-2 中。

表 6-2　采暖系统中各测点温度记录表　　　　　　　　　单位:℃

测试时间	测点															
	1	2	3	4	5	6	7	8	9	10	11	12	13	14	15	16
时　分																
时　分																
时　分																
时　分																

2. 分析讨论

①室内热水采暖系统有几种连接方式? 画出各种连接方式的原理图并简述其特点。

②分析双管上供下回式供暖系统为什么容易出现垂直失调现象, 而下供下回式系统为什么难以排气。

③根据所测系统中各点的温度变化情况分析比较不同供热系统水循环传热的优劣。

④单管顺流式系统和跨越式系统相比有哪些优缺点?

⑤膨胀水箱有几根连接管, 各起什么作用, 每根连接管上是否都可以装阀门?

⑥装置图 6-3 中空气管和集气罐立管的连接点为什么要低于空气干管?

6.3　热水管网水力工况实验

热网是由热源向各用户供热的管网, 管网的水力工况即管网的流量和压力分布状况。在热网的运行中, 如果某用户的流量发生变化, 将引起管路各点及其他用户的流量和压力发生变化。在管网运行时, 对流量分配有定量的要求, 还要求流体在合适的范围内。

6.3.1　实验目的

①使学生更直观地观测水网模型中各点的压力状况。

②让学生通过观察水网模型中有关部位阻力的改变导致水压图的变化，来验证水网中水力失调的变化规律。

6.3.2　实验原理

在热网管路中，泵提供给流体动力。对于闭式系统，流体在管中水泵的压头即为水泵提供的扬程，用来补偿流体在管路中的流动阻力。管路所需压头按下式计算：

$$\Delta H = h_1 = kL \tag{6-10}$$

式中：ΔH——管路所需压头，mmH_2O；

　　　h_1——管路阻力，mmH_2O；

　　　k——管路阻抗，其数值与管路的几何形状、局部阻力以及沿程阻力有关；

　　　L——管路的流量，m^3/s。

6.3.3　实验设备

实验装置如图 6-4 所示，主要由高位恒压水箱、管网模型、测压读数板组成。

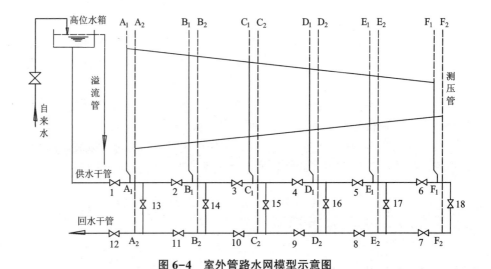

图 6-4　室外管路水网模型示意图

其中水网模型是由恒压水箱给管网模型提供一个恒定压头的水量。水沿供水干管经 A_1、B_1、C_1、D_1、E_1、F_1 后，通过用户 13、14、15、16、17、18（均为阀门编号），回到回水干管，把水放到水池。测压管读数板由一组(12 根)垂直于管网模型的玻璃管组成。玻璃管长度约为 1.5 米，并固定在贴有坐标纸的板面上，玻璃管的顶部与大气相通。在管网模型中，各用户进、出口附近的干管上设有测压点,各测压点分别用橡胶管与玻璃测压管下部对应相连。

6.3.4 实验内容及步骤

在一个水网中改变任何部位的局部阻力,水网中的水力工况就会改变。本实验就是通过改变水网模型中三个具有代表性的工况,即分别关小回水阀门(12),供水干管中的阀门(4),和关掉其中一个用户(15),同时将改变工况前、后的各点的压力值测量出来。具体实验步骤如下:

①放掉网络模型中管网的空气,启动水泵,使整个网络模型充满水。

②调节各管段上阀门的开启大小,改变各管段的阻力,使供水干管和回水干管上的压力降基本上呈一条直线。使用户(13)的进、回水压差控制在 $500\sim600$ mmH$_2$O,用户(18)的进、回水压差控制在 $200\sim300$ mmH$_2$O 水柱,上述工况,作为初实验的正常工况。

③待正常工况稳定之后,记录各点的压力值。

④关小阀门(12),待水压图稳定之后再测量各点的压力值。

⑤恢复正常工况。若要完全恢复到原来工况比较困难,可将恢复后的各点的压力值记下来,作为第二次工况的正常工况。

⑥按上述方法,再进行第二次改变工况实验。

⑦注意事项:

a.改变一次工况后,要待管网中各点压力完全稳定之后再读数,特别是最后一个用户(18),所需稳定的时间较长。

b.实验过程中,不要碰动实验装置中的橡胶螺丝管夹,以免产生较大的误差。

6.3.5 实验报告

1.数据记录及处理

将实验测试结果记入表 6-3 中。

表 6-3 原始数据记录表

测点	工况	供水管						回水管					
1	正常												
	关小阀门(12)												
2	正常												
	关小阀门(4)												
3	正常												
	关闭阀门(15)												

计算出各用户正常工况下的压差和改变工况后的压差,然后将其进行比较,得出各用户

差值的增减百分数。将有关计算结果填入表 6-4 内，并画出水压图。

2. 分析与讨论

①将实验结果与理论分析相比较，例如：在关小阀门(12)后，各用户流量按同一比例减少，其作用压头亦按相同比例变化。管网产生一致的等比失调，计算出来各用户的压力变化量应是相同的。

②实验过程会产生误差，应说明产生误差的原因，找出并总结减少误差的方法。

表 6-4 计算结果数据汇总表

用　户		用户 13	用户 14	用户 15	用户 16	用户 17	用户 18
关小阀门(12)的变化	正常						
	关小阀门(12)						
	压差增减						
	增减%						
关小阀门(4)的变化	正常						
	关小阀门(4)						
	压差增减						
	增减%						
关闭阀门(15)的变化	正常						
	关闭阀门(15)						
	压差增减						
	增减%						

第 7 章　室内建筑环境测试实验

建筑室内的空气环境(包括空气的热湿度,各种化学气体成分的含量、微生物环境和气流组织等)、声环境、光环境及电磁波等物理环境,对人体的健康及心理健康具有较大的影响,为能有效控制室内环境参数,需对室内环境进行测量和评估,因此,掌握对建筑室内环境的测量和实验方法是今后进行绿色建筑设计标识和保证室内环境的必要手段之一。本章主要介绍空气温、湿度测量、声环境和光环境测量及人体热舒适实验。

7.1　室内气象参数测量

建筑室内的气象参数主要包括大气压力、室内空气温度、空气湿度、空气速度,而空气调节的任务就是在不同的自然环境条件下,通过调节空调设备使上述室内各参数维持在一定的波动幅度范围内,以达到人体舒适要求和工艺要求。本节主要介绍上述几个参数的测量方法及主要测量仪器。

7.1.1　实验目的

①加深对室内热、湿环境的了解,学会使用测定室内气象参数的常用仪器仪表及测量方法。

②掌握用卡它温度计测量微气候的原理和方法。

7.1.2　实验原理

室内大气压力、空气温度及湿度、空气流速和室内微气候的测量仪器和方法在第 3 章已介绍,由于室内空调房间中的风速数值较小,通常用卡它温度计测量出空气的冷却能力,再根据公式(7-1)和公式(7-2)计算。

当 $v \leqslant 0.1$ m/s 时:

$$v = \left(\dfrac{\dfrac{H}{\Delta t} - 0.2}{0.4}\right)^2 \tag{7-1}$$

当 $v \geqslant 0.1$ m/s 时：

$$v = \left(\dfrac{\dfrac{H}{\Delta t} - 0.13}{0.47}\right)^2 \tag{7-2}$$

式中：v——空气流速，m/s；

Δt——卡它温度计的平均温度(36.5℃)与周围空气温度的差值，℃；

H——空气的冷却能力，$cal/(cm^2 \cdot 3\ ℃ \cdot s)$，见公式(3-15)。

7.1.3 实验设备

①玻璃水银温度计(分度值≤0.1)：用于室内空气温度的测定。

②普通干湿球温度计：用于室内空气相对湿度的测定。

③智能型热球风速仪：用于室内微小气流速度的测定，因室内空气的流动速度较小，且方向不易确定，因此不宜用叶轮或转杯风速仪来测定。

④卡它温度计：用于室内微气候测定。

⑤空盒气压表：用于大气压力测量。

⑥辐射热量表：用于室内辐射热量表用于室内热设备辐射热的测定。

7.1.4 实验内容及步骤

①若无特殊要求，测定应根据设计要求确定室内工作区，在工作区内布置测点。

一般的空调房间可选择人经常活动的范围(距地面2 m以下)或工作面(常指距地面0.5~1.5 m的区域)为工作区。沿房间纵断面间隔0.5 m设测试点，沿房间横断面在2 m以下视情况决定若干断面，并按等面积法(1 m²)设测试点。

②使用上述仪器在确定测试点测量大气压力、空气的温度、湿度、风速等参数，每项参数测量三次，每隔15 min测量一次，取平均值作为最终测量结果，并利用上述公式计算出空气的速度。

7.1.5 实验报告

1. 实验数据记录

将所测量的数据记录在表7-1、表7-2中。

表 7-1　室内气象条件测量值数据汇总表

实验项目	实验次数			
	1	2	3	平均值
大气压力表/mmHg				
干式温度计/℃				
湿式温度计/℃				
空气速度/($m \cdot s^{-1}$)				
冷却时间/s				
冷却温差/℃				
冷却能力/h				
计算空气速度/($m \cdot s^{-1}$)				

表 7-2　室内气流速度测量数据汇总表　　　　　　　　单位：$m \cdot s^{-1}$

测量次数	测量位置		
	1 m	1.5 m	2.0 m
1			
2			
3			
平均			

2. 分析与讨论

①所用仪表均为常规仪表，它们各自有些什么特点？是否可以使用其他类型的仪表测量实验参数？

②当空调房间内空气状态的参数不够稳定时，如何完成实验测量？

③根据实验数据，对被测室内气象环境作出评价。

7.2　室内污染物测量

室内环境污染物包括氡、甲醛、氨、一氧化碳、二氧化硫、氮氧化物、苯及苯系物、挥发性有机化合物和可吸入颗粒物等。当这些物体在空气中达到一定浓度时，即可对人体健康产生负面影响。其中以氡、甲醛、氨、苯及苯系物、挥发性有机化合物危害最明显。近几年来，国家有关部门相继出台了一系列规范和标准来衡量和限制建筑空气环境中有害物的浓度。2003 年 3 月 1 日，国家颁布了《室内空气质量标准》（GB/T18883—2002），此标准由国家质量监督检验检疫局、卫生部和国家环保局联合制定并颁布实施。该标准的主要控制指标见表 7-3。

表 7-3 《室内空气质量标准》主要控制指标

参数单位	标准值	备注
温度/℃	22~28	夏季空调
	16~24	冬季采暖
相对湿度/%	40~80	夏季空调
	30~60	冬季采暖
空气流速/$(m \cdot s^{-1})$	≤0.3	夏季空调
	≤0.2	冬季采暖
新风量/$[m^3 \cdot (h \cdot 人^{-1})]$	≥30	
二氧化硫 SO_2/$(mg \cdot m^{-3})$	0.50	1 h 均值
二氧化氮 NO_2/$(mg \cdot m^{-3})$	0.24	1 h 均值
一氧化碳 CO/$(mg \cdot m^{-3})$	10	1 h 均值
二氧化碳 CO_2/%	0.10	日平均值
氨 NH_3/$(mg \cdot m^{-3})$	0.20	1 h 均值
臭氧 O_3/$(mg \cdot m^{-3})$	0.16	1 h 均值
甲醛 HCHO/$(mg \cdot m^{-3})$	0.10	1 h 均值
苯 C_6H_6/$(mg \cdot m^{-3})$	0.11	1 h 均值
甲苯 C_7H_8/$(mg \cdot m^{-3})$	0.2	1 h 均值
二甲苯 C_8H_{10}/$(mg \cdot m^{-3})$	0.2	1 h 均值
苯并(a)芘 B(a)P/$(mg \cdot m^{-3})$	1	日平均值
可吸入颗粒物 PM_{10}/$(mg \cdot m^{-3})$	0.15	日平均值
总挥发性有机物 TVOC/$(mg \cdot m^{-3})$	0.60	8 h 均值
细菌总数/$(cfu \cdot m^{-3})$	2500	依据仪器定
氡^{222}Rn/$(Bq \cdot m^{-3})$	400	年平均值

7.2.1 实验目的

①掌握使用仪器测定空气中各种污染物的方法,深入了解室内空气污染物的具体采样方法、分析方法。

②通过实验数据,掌握室内空气质量评价方法。

③掌握室内的甲醛浓度、放射性物质氡浓度、苯及苯系物浓度、有机挥发性气体、微小颗粒物浓度对室内空气环境影响的评估标准。

7.2.2 实验设备

①温湿度巡检仪:温度、湿度的测量;

②热球风速仪：风速的测量；

③甲醛测试仪：甲醛浓度的测量；

④电子氡气检测仪：放射性物质氡的浓度测量；

⑤空气质素仪：二氧化碳和一氧化碳的浓度测量；

⑥苯及苯系物检测仪：苯及苯系物浓度的测量；

⑦挥发性有机化合物 VOC 检测仪：有机挥发性气体的测量；

⑧可吸入粉尘测试仪、尘埃粒子计数器：微小颗粒物的浓度测量。

7.2.3　实验内容及步骤

1. 采样点的布置

室内空气污染物测定采样要保证样品有足够的代表性，环境污染物浓度现场检测点应距墙面不小于 0.5 m、距楼地面高度 0.8~1.5 m。检测点应均匀分布，避开通风道的通风口。室内环境污染物浓度检测点数目应根据房间面积设置，并将测点位置编号。

①房间使用面积小于 50 m² 时，设 1 个检测点。

②房间使用面积 50~100 m² 时，设 2 个检测点。

③房间使用面积大于 100 m² 时，设 3~5 个检测点。

④当房间内有 2 个及以上检测点时，以各点检测结果的平均值作为该房间的检测值。

2. 仪器的使用

按仪器操作说明校准检测仪器，对于需连续测量的参数，可将仪器开启连续测量模式。

7.2.4　实验报告

1. 实验数据记录

采样时要对现场情况、各种污染源以及采样日期、时间、地点、数量、布点方式、大气压力、气温、相对湿度、风速以及采样者等做出详细记录。

分析检验时要对检验日期、实验室、仪器和编号、分析方法、检验依据、试验条件、原始数据、测试人、校核人等做出详细记录。

表 7-4　（地点）空气质量（污染物）现场测量记录表　　　　单位：

年　　月　　日		时　　分　至　　时　　分		
天气		地点	测量人员	
测点编号	仪器	取样间隔时间	取样总次数	平均值（单位）

2. 注意事项

测试数据用平均值表示，当表 7-4 中的化学性、生物性和放射性指标平均值符合标准值要求时，则说明采样点的室内空气品质（质量）达到标准，如果有一项未达到标准则应视为该采样点室内空气品质不合格。

标准中要求年平均、日平均、8 h 平均值的参数（指标）可以先进行筛选法采样，若分析检验结果达到了标准要求视为达标。若筛选法分析检验结果达不到标准要求，应按年平均、日平均、8 h 平均值进行累积法采样，用累积法检验结果来评价室内空气品质是否达标。

3. 分析与讨论

①结合国家相关的空气质量标准，对所测试环境进行评价。

②分析影响室内空气品质的因素有哪些。

③结合所测室内环境各项指标情况，分析人体在各空气环境下的舒适感觉。

④对未达到要求的因素，分析其对人体的危害程度，应采取何种改善措施。

7.3　建筑光环境测量

建筑光环境在建筑设计中占有重要地位，良好的室内光环境可以满足人们的视觉和心理需要，提高劳动效率，因此，室内光环境的照度、亮度以及分布均匀性等指标需达到有关标准要求。室内光环境测量是为了检验采光、照明设施与所规定标准或设计条件的符合程度的重要的手段之一。为达到室内环境标准，国家颁布了一系列建筑采光及照明标准，表 7-5、表 7-6 给出了《建筑采光设计标准》（GB50034—2004）中对作业场所工作面上的采光系数标准值。表 7-7《建筑照明设计标准》（GB50034—2004）给出了住宅建筑照明设计标准。

表 7-5　作业场所工作面上的采光系数标准值

采光等级	视觉作业分类		侧面采光		顶部采光	
	作业精确度	识别对象的最小尺寸/mm	室内天然光照度/lx	采光系数 C_{min}/%	室内天然光照度/lx	采光系数 C_{min}/%
I	特别精细	$d \leq 0.15$	250	5	350	7
II	很精细	$0.15 < d \leq 0.3$	150	3	250	5
III	精细	$0.3 < d \leq 1.0$	100	2	150	3
IV	一般	$1.0 < d \leq 5.0$	50	1	100	2
V	粗糙	$d > 5.0$	25	0.5	50	1

说明：表中所列的采光系数值适合我国 III 类气候区，采光系数值是根据室外临界照度为 5000 lx 制定的。

表 7-6　光气候系数 K

光气候区	I	II	III	IV	V
K 值	0.85	0.90	1.00	2.10	1.20
室外临界照度值/lx	6000	5500	5000	4500	4000

表 7-7　住宅建筑照明设计标准

房间或场所		参考平面及其高度	照度标准/lx	Ra
起居室	一般活动	0.75 m 水平面	100	80
	书写、阅读		300*	
卧室	一般活动	0.75 m 水平面	75	80
	床头、阅读		150*	
餐厅		0.75 m 餐桌面	150*	80
厨房	一般活动	0.75 m 水平面	100	80
	操作台	台面	150*	
卫生间		0.75 m 水平面	100	80

注：＊宜用混合照明。

7.3.1　实验目的

①了解光环境的评价标准、计量标准，加深对理论知识的理解。

②掌握照度计的工作原理和使用方法。掌握对建筑室内采光系数、室内照度分布、反射系数的测量。

③掌握根据测量数据，对建筑室内光环境进行评价的方法。

7.3.2　实验原理

1. 采光系数

在采光设计中采光量的评价指标是采光系数。采光系数是室内某一点直接或间接接受天空所形成的照度与同一时间不受遮挡的该天空半球在室外水平面上产生的照度之比。两个照度值均不包括直射日光作用。

$$C = \frac{E_n}{E_W} \tag{7-3}$$

式中：C——采光系数，%；

E_n——室内某点的天然光照度，lx；

E_W——与 E_n 同时间，室外无遮挡的天空水平上产生的照度，lx。

2. 反射系数

在室内照明设计标准中，对墙壁、地面和工作面均提出反射系数的指标，因此反射率的大小对营造舒适的光环境是重要的指标之一。反射系数可用下式求得：

$$\xi = \frac{E_f}{E_R} \tag{7-4}$$

式中：ζ——某材料的反射率；

E_f——反射照度，lx；

E_R——入射照度，lx。

3. 亮度

照明中的亮度是指室内各表面的亮度，如墙面、地面、顶棚面、室内设施和工作面等的亮度。

间接测量法通过测量照度值来确定表面亮度，对于漫射表面，可由下式决定：

$$L = \frac{E\rho}{\pi} \tag{7-5}$$

式中：L——表面亮度，cd/m^2；

　　　E——表面的照度，lx；

　　　ρ——表面的反射系数。

7.3.3　实验设备

室内现场测量时最好使用测量精度为 2 级以上的仪表，照度计宜用光电池照度计，亮度计宜用光电式亮度计。光环境测量常用的物理测光仪器是光电照度计，其基本构造如图 7-1 所示，当光照射到光电池表面时，入射光透过金属薄膜达到硒半

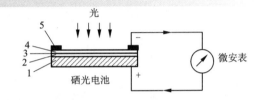

图 7-1　硒光电池照度计原理图
1—金属底版；2—硒层；3—分界面；4—金属薄板；5—集电环

导体层和金属薄膜的分界面上，在界面上产生光电效应，并由输出电路输出电流信号。光电流的大小决定于入射光的强弱和回路中的电阻。

7.3.4　实验内容及方法

1. 采光系数测量

采光系数是同一时刻室内照度与室外照度的比值。所以，测量采光系数需要两个照度计，一个测量室内照度，另一个测量室外照度。

（1）测量时间的确定

室内采光的照度测量应选在全阴天、照度相对稳定的时间段内进行。一般选在 10:00~14:00。

（2）平面网格测点的确定

一般房间照明时，采光测量的测点通常选定在建筑物典型剖面和 0.8 m 高水平工作面的交线上，间距一般为 2.0~4.0 m 的正方形网格，网格边线一般距房间各边离墙或柱 0.5~1.0 m。对于小面积的房间可取 1.0 m 的正方形网格。对走廊、通道、楼梯等处，在长度方向的中心线上按 1.0~2.0 m 的间隔布置测点。局部照明时，测点布置在需照明的地方；当测量场所狭窄时，选择其中有代表性的一点；当测量场所广阔时，可按一般照明布点。单侧采光时应在距内墙 1/4 进深处设一测点，双侧采光时应在横剖面中间设一测点。测点位置还可按采光口的布置选取。

（3）测量高度的确定

无特殊规定时，一般为距地 0.8 m 的水平面。对走廊和楼梯，高度应为地面或距地面为 0.15 m 以内的水平面。其他测量平面可按实际情况测定。普通公共场所整体照明照度测量测定面的高度为地面以上 0.8~0.9 m。测点应位于建筑物典型剖面和假定工作面相交的位置，一般应选两个以上的典型横剖面，顶部采光时，可增测两个以上典型纵剖面。

（4）测点数量的确定

一般房间取 5 个点（每边中点和室中心各 1 个点）。影剧院、商场等大面积场所的测量可用等距离布点法，一般以每 100 m² 布 10 个点为宜。

（5）室外测点

测室外照度的光电池应平放在周围无遮挡的空旷地段或屋顶上，离开遮挡物的距离至少在光电池平面以上是遮挡物高度的 6 倍远，如果在晴天时测量采光系数，须用一个无光泽的黑色圆板或圆球遮住照射到室外和室内光电池的日光，并距光电池约 500 mm，直径为使形成的日影刚好遮住光电池受光面，在测量过程中，要即时移动遮光器的位置，避免有日光直射到光电池上。

（6）测量方法

测量时先用大量程挡数，然后根据指示值大小逐步找到需测的挡位，原则上不允许在最大量程的 1/10 范围内测定。测量时待指标值稳定后读数，防止人影和其他各种因素对接收器的影响。一测点可取 2~3 次读数，然后取算术平均值。

2. 室内照度测量

（1）测点布置

对于一般照明的照度测量，测点与上述采光测点选取相同。局部照明时测点布置在需照明的地方。当测量场所狭窄时，选择其中有代表性的一点；当测量场所较广阔时，可布置测点（网格法）。

（2）测量方法

①开启照度计，将光检测器放在测量点的水平位置，测量时，根据需要点燃必要的光源，且检测器受光球面正对光源方向，排除其他无关光源的影响。

②测定开始前，白炽灯至少开 5 min，气体放电灯至少开 30 min。

③受光器应水平放置于测定面上，在测量前至少曝光 5 min，以避免产生初始效应。使用光电池式照度计时，测量前使接收器曝光 2 min 后，方可开始测量。

室内照度测量数据可用表格记录，也可标注在平面图上，表示方法见图 7-2。

3. 反射系数测量

反射系数测量分直接法和间接法。直接法用反射系数仪直接测出。而间接法是通过被测表面的亮度或照度得出漫射面的反射系数。

将照度计的接收器紧贴被测表面的一位置，测其入射照度 E_R，然后将接收器的感光面对准同一被测表面的原来位置，逐渐平移离开，待照度稳定后，读取反射照度 E_f，见图 7-3。反射系数可用公式（7-4）计算。

4. 亮度测量

亮度测量方法分为间接测量法和直接测量法。间接测量法是通过测量照度值并利用公式（7-3）计算，直接测量法是直接用亮度计测量亮度。

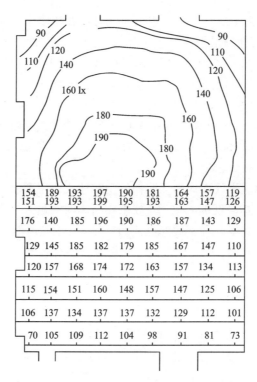

图 7-2　照度测量数据在平面图上的表示方法

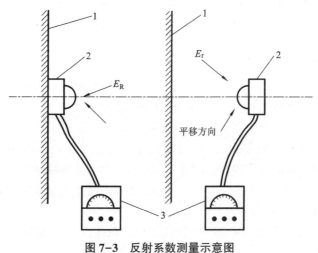

图 7-3　反射系数测量示意图

1—被测表面；2—接收器；3—照度计

亮度测量应测量人眼常注视的有代表性的表面亮度，亮度计位置高度以观察者的眼睛高度为准，通常站立时为 150 cm，坐时为 120 cm，特殊场合，按实际情况确定。亮度的测量数据可用图 7-4 表示。

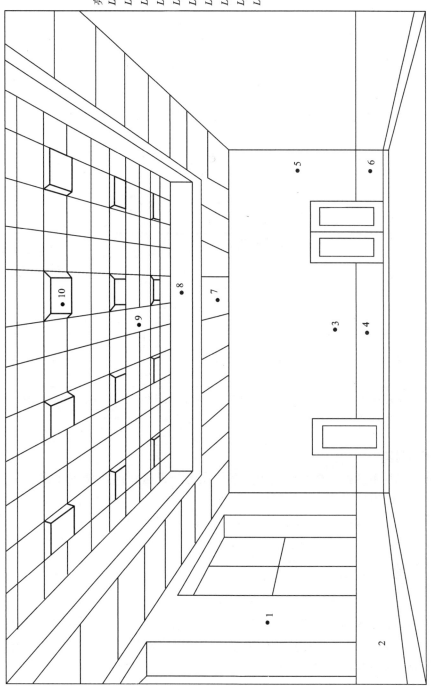

亮度分布:
$L_1=21$ cd/m$_2$
$L_2=10$ cd/m$_2$
$L_3=20$ cd/m$_2$
$L_4=10$ cd/m$_2$
$L_5=25$ cd/m$_2$
$L_6=10$ cd/m$_2$
$L_7=15$ cd/m$_2$
$L_8=47$ cd/m$_2$
$L_9=15$ cd/m$_2$
$L_{10}=1100$ cd/m$_2$

图 7-4　光环境亮度测量数据的表示方法

5. 注意事项

局部照明照度测量时，在场所狭小或有特殊需要的局部照明情况下，亦可测量其中有代表性的一点。由于有些情况下是局部照明和整体照明兼用的，所以在测定时，整体照明的灯光是开着还是关闭，要根据实际情况合理选择，并要在测定结果中注明。

7.3.5　实验报告

1. 实验数据记录

①需先根据实验测试现场画出测点布置图，并将测点测量数据填入表 7-8 中。

②对于多个测定点的场所用各点的测定值求出平均照度，必要时记录最大值和最小值及其所在点的位置。

③对一个点的测定结果则直接记录。

表 7-8　（地点）现场（照度）测量记录表

天气：　　　　　测量仪器：　　　　　单位：lx　　　　　测量人员：

时间	测点					平均值	备注
	1	2	3	4	5		

注：1. 本记录表是以使用照度计为测量仪器测出的照度值，采光系数、反射率、亮度等根据相应公式进行计算得出。
　　2. 实验数据测点数可根据实际情况增减。

2. 分析与讨论

①根据现场所测数据分析评价室内光环境质量是否达到预期设计效果，如存在不足之处，可提出改进措施。

②分析影响光环境的因素，提出有效布置人工光源的方案。

7.4　室内噪声测量

室内声环境测量包括室内噪声测量和室内音质测量。室内音质测量主要是为了满足如音乐厅、报告厅、影剧院等厅堂对音质的特殊要求。应根据厅堂对声学功能的要求进行专业测量。本节仅介绍室内噪声测量。

7.4.1　实验目的

①了解噪声的评价标准、计量标准及物理环境对噪声传播的影响，加深对理论知识的理解。

②掌握声级计的工作原理和使用方法，通过对噪声的测量，评价不同声环境功能区昼夜的声环境质量，了解功能区环境噪声分布特征。

③了解噪声敏感建筑物户外(或室内)的环境噪声水平，评价是否符合声环境功能区的环境质量要求。

7.4.2　实验原理

室内噪声测量主要是为了检测噪声对室内的污染程度。室内环境中的噪声污染源主要包括：交通运输噪声、工业机械噪声、城市建筑噪声、社会生活和公共场所噪声、传入室内的噪声以及室内家用电器等直接造成的噪声污染。《中华人民共和国城市区域噪声标准》中则明确规定了城市五类区域的环境噪声最高限值，其中室内噪声限值低于所在区域标准值 10 dB，具体标准见表 7-9 所示。

表 7-9　环境噪声限值　　　　　　　　　　　　单位：dB(A)

声环境功能区			噪声限制	
类别		适用区域	昼间	夜间
0 类		康复疗养区等特别需要安静的区域	50	40
1 类		以居民住宅、医疗卫生、文化体育、科研设计、行政办公为主要功能，需要保持安静的区域	55	45
2 类		以商业金融、集市贸易为主要功能，或者居住、商业、工业混杂，需要维护住宅安静的区域	60	50
3 类		以工业生产、仓储物流为主要功能，需要防止工业噪声对周围环境产生严重影响的区域	65	55
4 类	4a 类	交通干线两侧一定区域之内，需要防止交通噪声对周围环境产生严重影响的区域	高速公路、一级公路、二级公路、城市快速路、城市主干路、城市次干路、城市轨道交通(地面段)、内河航道两侧区域　70	55
	4b 类		铁路干线两侧区域　70	60

在噪声测量中常遇到的几个概念。

①A 级声级：用 A 计权网络测得的声压级，用 L_A 表示，单位 dB(A)。

②等效连续 A 声级：简称等效声级。指在规定测量时间 T 内 A 声级的能量平均值，用 L_{eq} 表示，单位 dB(A)。在国家标准中噪声限值一般指等效声级。等效声级用公式(7-6)计算。

$$L_{eq} = 10\lg\left(\frac{1}{T}\int_0^T 10^{0.1 \cdot L_A}\mathrm{d}t\right) \qquad (7-6)$$

式中：L_A——t 时刻的瞬时 A 声级；

　　　T——规定的测量时间段。

③最大声级：在规定的测量时间段内或对某一独立噪声事件，测得的 A 声级最大值，用 L_{max} 表示。

④噪声敏感建筑物：指医院、学校、机关、科研单位、住宅等需要保持安静的建筑物。

7.4.3　实验设备

声级计是噪声测量中最基本的仪器，见图 7-5 所示，一般由电容式传声器、前置放大器、衰减器、放大器、频率计权网络以及有效值指示表头等组成。在声级计中设有 A、B、C、D 四套计权网络，用不同网络测得的声级，分别称为 A 声级、B 声级、C 声级和 D 声级。在音频范围内进行测量时，通常使用 A 计权网络。

图 7-5　声级计

声级计按精度等级分为四种类型：0 型声级计作为标准声级计，1 型声级计作为实验室用精密声级计，2 型声级计作为一般用途的普通声级计，3 型声级计作为噪声监测的普及型声级计。四种类型的声级计的各种性能指标具有同样的中心值，仅仅是容许误差不同，而且随着类型数字的增大，容许误差放宽。根据 IEC651 标准和国家标准，四种声级计在参考频率、参考入射方向、参考声压级和基准温、湿度等条件下，允许的基本误差如表 7-10 所示：

表 7-10　声级计精度等级

声级计类型	0	1	2	3
基本误差	±0.4	±0.7	±1.0	±1.5

环境噪声测量应采用精度为 2 型以上的积分式声级计及环境噪声自动监测仪器，其性能符合国家标准 GB 3785—83 和 GB/T17181 的要求。测量仪器和声校准器应按国家相关规范的规定定期检定。测量前后使用声校准器校准测量仪器的示值偏差不大于 0.5 dB，声校准器应满足 GB/T15173 对 1 级或 2 级声校准器的要求。

声级计可以外接滤波器和记录仪，对噪声做频谱分析。

7.4.4　实验内容及步骤

1. 测量时间的确定

声环境功能区监测每次至少进行一昼夜 24 h 的连续监测，得出每小时昼间、夜间的等效声级 L_{eq}，一般昼间是指 6：00 至 22：00 之间的时段，夜间是指 22：00 至次日 6：00 之间的时段，监测应避开节假日和非正常工作日。特殊情况时的测量时间规定可参考相应国家标准。

2. 测量环境条件的确定

测量应在无雨、无雪的天气条件下进行(要求在有雨、雪的特殊条件下测量,应在报告中给出说明)。不得不在噪声敏感建筑物室内监测时,测量过程中应保持窗户开启,若风速达到 5 m/s 以上时,停止测量。测量时传感器应加防风罩。

3. 采样地点的确定

采样地点的确定可根据各功能区声环境质量特征选择一至若干个监测点,每次测量的位置和高度不变。具体可参照国家《声环境质量标准》(GB3096—2008)中规定。

①一般户外。噪声传声器距离任何反应物(地面除外)至少 3.5 m 以上,距地面高度 1.2 m 以上。必要时可置于高层建筑上,以扩大受声范围。使用检测车辆测量,传声器应固定在车顶部 1.2 m 高度处。

②噪声敏感建筑物户外。噪声传声器距离墙壁窗户 1 m 处,距地面高度 1.2 m 以上。

③噪声敏感建筑物户内。噪声敏感建筑物主要指医院、学校、机关、科研单位、住宅等需要保持安静的建筑物。噪声传声器距离墙面和其他反射面至少 1 m,距窗约 1.5 m,距地面 1.2~1.5 m。

④建筑设备噪声测量中,测点应布置在人员活动范围内。测点到声源的距离应取比声源的最大外形尺寸稍大些的位置,并取整为 0.3 m、0.5 m、1.0 m(最大为 1.0 m);噪声计的传声器距地面高度约为 1.5 m。设备周围的测点数量不能太少,应能表征设备在各方向上的分布情况。通风机测量按照有关国家标准进行,大型机器应选取若干个测点,并取其平均值。

7.4.5 实验报告

1. 实验数据记录

将现场测量数据填入表 7-11 中,并计算其平均值。

表 7-11 (地点)噪声现场测量记录表

天气: 测量仪器: 单位:dB(A) 测量人员:

时间	测点					平均值	备注
	1	2	3	4	5		

2. 分析与讨论

①根据实验数据对所测环境的噪声情况作出评价,分析影响声环境的因素有哪些。

②对测试结果进行分析,提出所测声环境治理措施方案。

③分析所测的声环境对人体的影响程度。

7.5　人体热舒适性实验

现代社会人们在建筑室内生活和工作的时间逐渐增多，如何满足人体的热舒适性是目前空调设计人员和研究人员关注的问题之一。由于影响人体热舒适性的因素很多，目前常通过实验的方法进行研究和验证。

7.5.1　实验目的

①通过实验研究影响人体热舒适性的因素及其相互影响关系。
②通过实验研究提高人体热舒适性的空调方案。掌握对室内环境和舒适度进行评价的方法。

7.5.2　实验原理

通过研究得出影响人体的热感觉因素有空气温度、空气湿度、室内垂直温差、气流流速、辐射均匀性、服装热阻、代谢率、年龄、性别、人种等。ASHRAE 常用 PMV-PPD 来评价人体热舒适性，并将人体的热感觉分为七级热感觉，见表 7-12 所示。热舒适是人对环境的主观评价，分为五级热舒适标准。对人体热感觉和热舒适性的研究，虽然已得到了很多结论，但由于影响因素的复杂性和空调新技术的发展，有些问题还待继续研究，而实验研究是研究人体热舒适的有效方法之一。

表 7-12　热舒适投票 TCV 与热感觉投票 TSV

热舒适投票 TCV		热感觉投票 TSV	
4	不可忍受	+3	热
3	很不舒适	+2	暖
2	不舒适	+1	稍暖
1	稍不舒适	0	正常
0	舒适	-1	稍凉
		-2	凉
		-3	冷

7.5.3 实验设备

人工环境实验室如图 7-6 所示,室内温度可通过中央空调柜机组调节(是一次回风系统,新风比例可调),环境室中一面墙壁和顶面设有冷盘管,一侧墙壁设有热盘管,以模拟冷、热辐射壁面。环境室设有进、出风口,风量可调。除环境室制冷机、空调、供热系统运行调节所需必要仪器外,现场空气温度、空气湿度、风速、壁面温度等均用手持测量仪表,可根据实验内容进行选取。

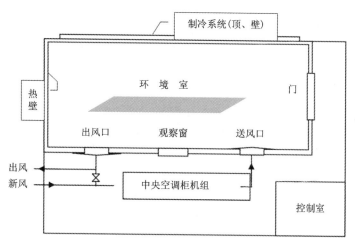

图 7-6 人工环境实验室平面图

7.5.4 实验内容及步骤

①确定实验具体内容。在众多影响人体热舒适的因素(主要是空气温度、湿度、气流组织、辐射热壁温度、辐射冷壁温度、人体着装)中选定一个或多个因素作为实验的调节对象,并在实验前设计实验记录表和问卷调查表。

本实验采用问卷调查的方式,通过实验研究在不同的室内空气温度、湿度和气流流速下,人体的热感觉和热舒适性。

②确定实验研究对象。相同环境下每组研究对象至少为 10~15 人(可多组次实验),人员年龄结构最好分为少、青、中、老,性别相对平衡,衣着厚薄一致。

③根据实验内容,调节环境室的温度、湿度、气流速度以及新风供给量、壁面温度,并维持在实验工况下,测出环境室的各项参数。

④实验对象进入环境室,在实验时受试者保持静坐状态,此状态下人体的活动量为 1.0 met,保持 30 min 后,填写问卷记录表。

⑤每个实验要求做 10 个工况。

7.5.5 实验报告

①将测量的室内参数记录到表中，并统计问卷表中的数据。

②通过整理实验数据，得出最佳人体热舒适区的区域。

③分析在满足人体的舒适度和节约能耗的前提下，空调系统改进措施及新技术的应用前景。

第 8 章　空调系统测试实验

空调系统一般由空气处理设备和空气输送管道以及末端设备所组成，根据建筑物用途和性质、热湿负荷特点、温湿度调节和控制的要求等各方面的因素可以组成许多种不同形式的系统。在空调工程中，实现不同的空气处理、输送和分配过程需要不同的空气处理设备，如空气的加热、冷却、加湿、减湿以及相应的能源转换设备、通风设备等。因此系统中各组成设备性能的确定决定着整个空调系统运行效果的优劣。

8.1　喷水室的热工性能测定

在空调工程中，为了实现空气的热湿处理过程，需要使用不同的热湿交换设备。热湿交换设备按工作特点可分为直接接触式和表面式两大类。在直接接触式中，喷水室是应用最为广泛的一种。在喷水室中不同状态的水与空气进行能量和质量的交换，可以实现空气的加热、冷却、加湿、减湿等多种空气的处理过程，并具有一定的空气净化能力。

8.1.1　实验目的

①加深对喷水室换热理论的理解。
②通过实验掌握喷水室热工性能的测试方法和空气调节方法。
③了解实验装置的特点和设备运行特点。

8.1.2　实验原理

喷水室是水与空气直接接触式中的一种空气处理设备，在喷水室中的喷管喷射出不同温度的水，可实现七种空气处理过程，如图 8-1 所示。

在实际过程中，空气终状态达不到饱和线上。实际过程接近理想过程的程度取决于喷水室的热工性能。本实验可根据季节选择除增温、加湿过程以外的六种过程之一作为喷水室的热工性能测定。

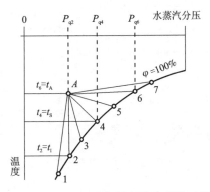

图 8-1　空气与水直接接触状态变化过程

1. 喷水室热工特性

传热传质是喷水室热湿交换的理论基础。在实际的热湿交换过程中不容易达到理想的状况。因此，为了反映两者的接近程度提出了热交换率两个指标，喷水室全热热交换效率 E 和通用热交换效率 E' 来评价喷水室的热工特性。

喷水室常用全热热交换效率和通用热交换效率来评价喷水室的热工性能，它们主要是表示喷水室实际处理过程与喷水量在有限时间接触足够充分的理想过程的接近程度。

喷水室的全热热交换效率 E（亦称第一热交换效率）：

$$E = 1 - \frac{t_{s1} - t_{s2}}{t_{s1} - t_{w1}} \tag{8-1}$$

喷水室的通用热交换效率 E'（亦称第二热交换效率或接触效率）：

$$E' = 1 - \frac{t_2 - t_{s2}}{t_1 - t_{s1}} \tag{8-2}$$

式中：t_1，t_{s1}——空气初态的干、湿球温度，℃；

　　　t_2，t_{s2}——空气终态的干、湿球温度，℃；

　　　t_{w1}，t_{w2}——水的初、终态温度，℃。

在某一空气处理过程中，测出以上各值，便可根据式（8-1），式（8-2）计算 E 和 E'。

2. 热平衡偏差

影响喷水室热交换效果的因素很多，主要有空气质量流速、喷水系数、喷水室结构特性和空气与水初参数的影响。

以风侧为准，热平衡偏差的计算公式为：

$$\varepsilon_a = \frac{Q_a - Q_w}{Q_a} \times 100\% \tag{8-3}$$

以水侧为准，热平衡偏差的计算公式为：

$$\varepsilon_w = \frac{Q_w - Q_a}{Q_w} \times 100\% \tag{8-4}$$

其中水侧换热量：

$$Q_w = WC_{pw}\Delta t_w \tag{8-5}$$

式中：W——喷水室喷水量，kg/s；

　　　C_{pw}——水的定压比热，kJ/(kg·K)；

　　　Δt_w——喷水室进出水温差，℃。

空气侧换热量：

$$Q_a = G\Delta i \tag{8-6}$$

式中：G——流进喷水室干空气量，kg/s；

　　　Δi——喷水室进出口空气焓差，kJ/kg。

当计算所得热平衡偏差 $\varepsilon_{a(w)} \leqslant 10\%$ 时，即为实验合格，否则需要改变运行参数，重新进行测定与计算。

8.1.3　实验设备

本实验装置主要由以下几部分系统组成。

①风处理系统：如图 8-2 所示，新风与回风混合后进入中央空调柜机，通过过滤段、表冷段、喷水段、电加热段和动力风机段进入环境室；

②冷冻水循环系统：如图 8-3 所示，冷冻水箱水被制冷后通过给水干管利用水泵、电动阀等分别送入表冷室和喷水室与空调柜机内空气进行换热；

③制冷系统：主要包括水冷机组(由压缩机和壳管冷凝器等组成)、热力膨胀阀和蒸发器冷盘管；

④冷却水循环系统：主要由水冷机组、冷却塔、水泵、水箱组成；

⑤电控柜及控制系统：包括各段温度、湿度、风速等参数的数据采集及末端显示器、电动阀门的控制和各项设备的启动开关。

其中喷水室由空调柜机的外壳、喷嘴、挡水板、水箱、给排水管道及阀门等组成，喷水室选择使用了 8 只 Y-φ5 的喷嘴，实现 2 排对喷布置，喷水室断面尺寸为 778×800 mm²，喷水室处理段前、后设有温、湿度传感器，喷水初、终态温度可用现场水银温度计测出，喷水量可用现场流量计测出。另外空调柜机设置风速传感器处的风管尺寸为 φ450 mm。

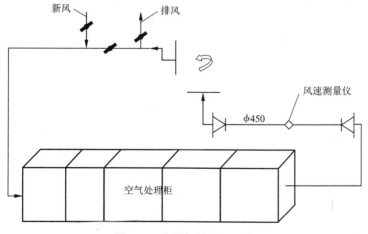

图 8-2　空调柜风处理系统

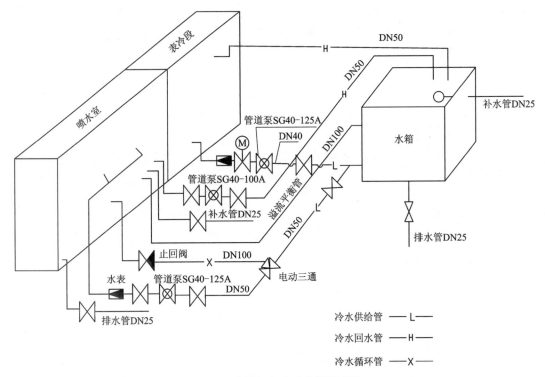

图 8-3　空调柜机冷冻水循环系统

8.1.4　实验内容及步骤

①结合实验现场，了解实验装置中的空气处理系统、冷冻水循环系统、制冷系统、冷却水循环系统，检查实验装置中各部分设备及测试仪器仪表的位置和运行情况，熟悉各项测量参数的控制、调整及测定方法。

②启动制冷系统，将冷冻水箱水制冷并保持在实验温度。

③启动空气处理系统中的风机，调节风速变频器，并根据实验拟订的质量流速 v_ρ（在 1.5~3.0 kg/$(m^3 \cdot s)$ 取值）调整风量。

④开启冷冻水泵，调节喷水室前三通电动阀的开度，使喷水量稳定在一定的值内。

⑤观察各项参数变化数据，待实验系统运行稳定后，每隔 5~10 min 记录一次各参数数据，至少记录 6 次，取其平均值。

⑥改变风量，重复②、③、④、⑤步骤。

⑦注意事项：实验过程中可通过加热系统来稳定实验工况，但在风机未启动前不得启动电加热。

8.1.5　实验报告

1. 数据记录及处理
将得到的实验数据记录到表 8-1 中。

表 8-1　原始数据记录表

工况	进入喷水室的空气参数		离开喷水室的空气参数		喷水初温	喷水终温	水流量	空气量
	干球温度 t_1/℃	湿球温度 t_{1s}/℃	干球温度 t_2/℃	湿球温度 t_{2s}/℃	t_{w1}/℃	t_{w2}/℃	W/ (kg·h^{-1})	G/ (kg·h^{-1})
1								
2								
3								
4								
5								
6								
平均								

根据实验数据计算喷水室的全热热交换效率 E 和通用热交换效率 E' 以及热平衡偏差。

2. 分析与讨论

①了解实验原理及过程。

②根据实验数据,将实验时空气的七个热力过程表现在焓-湿图(i-d)中。

③根据实验结果,分析若要提高 E、E',如何调节空气和水的初、终参数,在本实验装置上如何才能实现。

④分析讨论如何调整水和空气的参数以便使热平衡偏差最小。

8.2　表面式换热器热工性能测定

在空气调节系统中,除应用喷水室对空气进行热湿处理外,还广泛采用表面换热器对空气进行处理,其具有结构简单、占空间少、水质要求不高、水系统阻力小等优点。通常表面换热器可分为表面式冷却器和空气加热器两大类。

空气加热器一般以热水或者蒸汽作为热媒,可实现对空气的等湿加热处理的全过程。而表面式冷却器一般以冷水或者制冷剂作为冷媒,可实现对空气的等湿冷却、减湿冷却等处理过程。

8.2.1　实验目的

①加深对表面式换热器换热机理的理解,掌握空调系统表面式换热器换热性能的评价指标。

②掌握表面式换热器热工性能的测试方法。

③掌握表面式换热器全热热交换效率和通用热交换效率的计算方法。

8.2.2　实验原理

表面式换热器是水与空气间接接触式的一种空气处理设备,可实现三种空气处理过程,如图 8-4 所示。

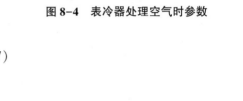

在实际过程中,空气终状态达不到饱和线上。实际过程接近理想过程的程度取决于表面式换热器的热工性能。本实验可进行两种过程的热工性能测定。

表面式换热器常用全热热交换效率和通用热交换效率来评价其热工性能。

1. 全热热交换效率(亦称干球温度效率)

$$E_g = \frac{t_1 - t_2}{t_1 - t_{w1}} \qquad (8-7)$$

图 8-4　表冷器处理空气时参数

式中:t_1, t_2——处理前、后空气的干球温度,℃;

t_{w1}——冷冻水初温,℃。

E_g 值与表冷器的传热系数、表冷器的迎面风速、冷冻水量及析湿系数有关,上述影响因素存在以下关系:

$$E_g = \frac{1 - \exp[-\beta(1-\gamma)]}{1 - \gamma\exp[-(1-\gamma)]} \qquad (8-8)$$

其中:

$$\beta = \frac{k_s \cdot F}{\rho G \cdot C_P} \qquad (8-9)$$

$$\gamma = \frac{\xi \cdot G \cdot C_P}{W \cdot C} \qquad (8-10)$$

式中:k_s——表面式冷却器传热效率,W/(m^2·℃);

F——表面式冷却器传热面积,m^2;

ρ——空气的密度,kg/m^3;

C_P——空气的比热容,kJ/(kg·℃);

G——风量,kg/s;

W——冷冻水量,kg/s;

ξ——析湿系数;

C——冷冻水的比热容,kJ/(kg·℃)。

通过实验,联立上式可求出 ξ、k_s 与 E_g 值。

2. 通用热交换效率

$$E' = \frac{t_1 - t_2}{t_1 - t_3} \qquad (8-11)$$

E' 主要与对流换热系数、表冷器迎面风速有关。

$$E' = 1 - \exp\left[\frac{(-\alpha_w \cdot \alpha \cdot N)}{v_y \cdot \rho \cdot c_p}\right] \tag{8-12}$$

其中：

$$v_y = \frac{G}{F_y} \tag{8-13}$$

$$\alpha = \frac{F}{N \cdot F_y} \tag{8-14}$$

式中：v_y——迎面风速，m/s；

$\quad F_y$——迎风面积，m^2；

$\quad \alpha_w$——对流换热系数，kJ/(kg·℃)；

$\quad \alpha$——肋通系数；

$\quad \rho$——空气的密度，kg/m^3；

$\quad c_p$——空气的比热容，kJ/(kg·℃)；

$\quad N$——管排数。

因此，可通过实验结果计算确定 E' 和 α_w 的值。

8.2.3　实验设备

本实验装置为中央空调柜机空气处理系统，参见图 8-2 和图 8-3。

其中表冷段由空调柜机的外壳、表面式换热器、给排水管道及阀门等组成，表面式换热器设 6 排铜管，换热面积 72 m^2，断面尺寸为 778×800 mm^2，表冷处理段前后设有温、湿度传感器，冷冻水初、终态温度可用现场水银温度计测出，冷冻水量可用现场流量计测出。另外，空调柜机设置风速传感器处的风管尺寸为 ϕ450 mm。

8.2.4　实验内容及步骤

①熟悉实验系统及组成设备，结合现场实验装置，检查各实验仪器是否运行正常。

②开启风机，调节变频器使表冷器的迎面风速在 2~3 m/s 之间。

③开启水泵，调节表冷器前的阀门，使冷冻水量稳定在一定的值内。

④观察各项参数变化数据，待实验系统运行稳定后，每隔 5~10 min 记录一次各参数数据，至少记录 6 次，取其平均值。

⑤改变冷冻水量，重复③④步骤。

⑥注意事项：实验过程中可通过加热系统来稳定实验工况，但在风机未启动前不得启动电加热。

8.2.5 实验报告

1. 数据记录及处理

表 8-2　实验数据汇总表

工况	进入表冷室的空气参数		离开表冷室的空气参数		冷冻水初温	冷冻水终温	水流量	空气量
	干球温度 $t_1/℃$	湿球温度 $t_{1s}/℃$	干球温度 $t_2/℃$	湿球温度 $t_{2s}/℃$	$t_{w1}/℃$	$t_{w2}/℃$	$W/$ $(kg \cdot h^{-1})$	$G/$ $(kg \cdot h^{-1})$
1								
2								
3								
4								
5								
6								
平均								

根据实验数据计算喷水室的全热热交换效率 E_g 和通用热交换效率 E'。

2. 分析与讨论

①简述实验原理及过程。

②分析各工况的实验结果属于哪一种空气处理过程,用焓-湿图(h-d)表示出来。

③根据实验结果分析:若提高 E_g、E',空气和水的初、终参数如何调整?

④在本实验装置上是如何调整水和空气的参数才能使热平衡偏差最小?

8.3　空调系统性能测定

空调系统主要包括冷源、热源、水系统和风系统,其基本原理就是通过空气和冷源、热源直接或间接接触进行热交换来达到调节送风参数的目的,其工作点取决于冷却水量和水温,以及空气进口的温、湿度等参数。

8.3.1　实验目的

①加深对空气热、湿交换理论的理解;

②掌握各点温度、湿度的测定方法,了解实验装置的特点和实验有关测试仪表的使用方法;

③掌握室内空气处理的过程,通过直流系统和一次回风系统工况的分析,加深对焓-湿图的理解,学会计算空调机的热平衡偏差。

8.3.2　实验原理

循环式空调系统为表面式和直接接触式组合的空气热、湿交换设备。制冷工质通过金属表面与蒸发器、喷水室的空气进行热、湿交换，可实现加热、冷却、加湿、减湿等处理过程。这些过程是在定压下进行的。空气状态的变化以及其变化前后的得热或失热可以进行计算。空气的热量分为显热和潜热两部分，其总和称为空气的焓。所以，空气状态变化前后的得热和失热量即为空气状态变化前后的焓差，这就是所说的焓差法。通过冷却水参数的变化，可计算出冷却水的热交换量。在稳定状态下，空气侧与水侧的热量应该是平衡的。

1. 空气各处理过程的热量

$$Q = G(h_2 - h_1) \tag{8-15}$$

式中：Q——空气各处理过程的热量，kW；

　　　h_1，h_2——空气处理前、后的焓值，kJ/kg；

　　　G——单位时间吸热和放热物体的质量，kg/h。

2. 电加热功率

$$N = I \times V \times 10^{-3} \tag{8-16}$$

式中：N——电加热器功率，kW；

　　　I——加热器电流值，A；

　　　V——加热器电压值，V。

3. 热平衡误差计算，并分析产生误差的范围

$$\Delta = (N - Q)/N \times 100\% \tag{8-17}$$

8.3.3　实验设备

本实验台为循环式空调系统，由压缩机、风冷冷凝器、蒸发器、风机、加湿器、一次电加热器和循环风管等组成，如图 8-5 所示，可进行加热、冷却、加湿和干燥等空气处理过程的操作和测量。

8.3.4　实验内容及步骤

①开机前了解实验装置中空气系统、水系统、测量系统等各部分的组成情况，熟悉设备的操作方法和规程。

②检查运转部位有无障碍，接通三相电源。改变电位器的旋转角度，可控制风机的速度，旋转角度愈大，风机转速愈高。

③打开制冷系统全部阀门(除加液阀)。使制冷系统管路畅通，此时合上压缩机的开关，指示灯亮后，启动压缩机。压缩机启动后冷凝器风扇运转，此时会出现排气压力读数上升，吸气压力同时下降的现象，设备制冷至冷媒水温度降至 5~6 ℃，达到实验条件要求。

④开启水泵，此时冷媒水经水泵流经换热器，再经过流量计进入水箱。

⑤在实验过程中，观察换热器前后的温度变化情况，换热器吸热量的能力大小取决于流

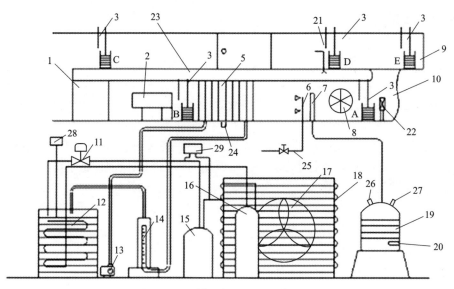

图 8-5　循环空调实验系统图

1—风机；2—加热器；3—干湿温度计；5—换热器；6—喷淋口；7—加湿喷雾；8—电动进风口；
9—出风口(可调)　10—二次回风管；11—膨胀阀；12—水箱；13—水泵；14—流量计；15—储液筒；16—压缩机；
17—冷凝器风扇；18—冷凝器；19—蒸发煲；20—加热器；21—毕托管；22—二次加热器；23—电器控制面板；
24—冷凝水出口；25—喷淋阀；26—压力安全阀；27—液位信号出口；28—温度控制器；29—压力控制器

量计的流量,可以根据实验的要求随时调节。

⑥实验工况调节。

制冷工况:制冷工况的调节有两种方法:一是通过调节膨胀阀的开度,即改变蒸发压力,从而调节压缩机制冷量。二是改变换热器进水量,从而改变换热器吸收热量的能力。

制热工况:开启并调节电加热器,使其负荷达到 1500 W,约 15 min 时间。

⑦注意事项:在通风情况下,测量进风、出风有关参数;实验结束时,先停压缩机或加热器,隔 15 min 待管道热量散发殆尽后,再停风机、水泵,最后切断总电源。

8.3.5　实验报告

1. 数据记录及处理

在实验系统运行稳定后,测出图 8-5 中所示 A、B、C、D、E 点的干球温度和湿球温度,每隔 5~10 min 记录一次测量数据,并记录到表 8-3 和表 8-4 中。根据实验数据,在 $h-d$ 图上表示各空气处理过程,同时根据实验数据计算其系统热平衡误差。

表 8-3　空调系统制冷工况性能测定数据汇总表

冷却水量 /(L·h⁻¹)	水温 /℃	蒸汽压力		A		B		C		D		E	
		高压/ MPa	低压/ MPa	干球温度 /℃	湿球温度计 /℃	干球温度 /℃	湿球温度计 /℃	干球温度 /℃	湿球温度计 /℃	干球温度 /℃	湿球温度计 /℃	干球温度 /℃	湿球温度计 /℃

表 8-4　空调系统性能制热工况测定数据汇总表

加热功率 /kW	A		B		C		D		E	
	干球温度 /℃	湿球温度计 /℃	干球温度 /℃	湿球温度计 /℃	干球温度 /℃	湿球温度计 /℃	干球温度 /℃	湿球温度计 /℃	干球温度 /℃	湿球温度计 /℃

2. 分析与讨论

①分析计算结果与被测空调系统铭牌上的名义制冷量是否相同。若不相同，原因何在，请加以分析说明。

②分析本次实验的热平衡偏差是否合格，如果不合格，应如何调整运行参数，并说明原因。

8.4　空调系统送风量调整测定

空调系统安装完毕后，需要对送风管道内的风量进行测定和调整，以便确定送风系统是否达到了设计的要求，从而可以对设计、施工以及设备的性能等各方面加以总结或提出改进措施。已运行的空调系统出现问题时，通过测定调整可以发现问题的症结，提出改进的方法。所以，对系统送风量的测定与调整具有重要意义。

8.4.1　实验目的

①了解和掌握空调送风系统调节的原理及方法；
②熟悉和掌握本实验所用的测试仪器及其工作原理、使用方法；
③通过对简单送风系统的测定和调整，学习并掌握基准风口测量方法。

8.4.2 实验原理

送风量的调整就是在测量出管段的风量后，及时调整风管上的调节阀，使每一分支管或风口处的风量达到设计的要求。调整调节阀就是改变管路中的阻力，由于阻力的改变，风量也随之改变。

由流体力学得知：

$$H = kL^2 \tag{8-18}$$

式中：H——风管的阻力，Pa；

L——流经风管的风量，m^3/h。

k 为风管阻力特性系数，它与空气性质、管道直径、管道长度、摩擦阻力、局部阻力等因素有关。

对同一风管来说，若只改变风量而其他条件不变，则 k 值基本不变，从图 8-6 中可以得出：

$$
\begin{aligned}
&H_1 = k_1 L_1^2 \; ; \; H_2 = k_2 L_2^2 \\
&H_1 = H_2 \\
&k_1 L_1^2 = k_2 L_2^2 \\
&\frac{k_1}{k_2} = \left(\frac{L_2}{L_1}\right)^2 \\
&\sqrt{\frac{k_1}{k_2}} = \frac{L_2}{L_1}
\end{aligned}
\tag{8-19}
$$

式中：H_1，H_2——管段 I 、II 的阻力，Pa；

L_1，L_2——管段 I 、II 的风量，m^3/h；

k_1，k_2——管段 I 、II 的阻力特性系数。

如果 C 处的调节阀不变动，那么 $\sqrt{\dfrac{k_1}{k_2}} = $ 常数

如果改变 A 处调节阀（系统总管上的调节阀），C 处调节阀仍然不变，那么系统总风量发生了变化，而 $\sqrt{\dfrac{k_1}{k_2}}$ 基本不变。

$$k_1 (L_1')^2 = k_2 (L_2')^2 \tag{8-20}$$

$$\frac{k_1}{k_2} = \frac{L_2'}{L_1'} \tag{8-21}$$

比较两式可得：

$$\frac{L_2}{L_1} = \frac{L_2'}{L_1'} = 常数 \tag{8-22}$$

式中：L_1'，L_2'——调节 A 处阀门后管段 I 、II 的风量。

这样只要 C 处的调节阀不再变动，无论它前面的总风量如何变化，管段 I 和管段 II 的风量总是按一定比例（即 $\sqrt{\dfrac{k_1}{k_2}} = $ 常数）来进行分配的。

8.4.3　实验设备

实验设备如图 8-6 所示。

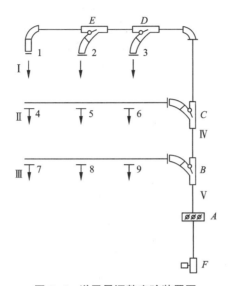

图 8-6　送风量调整实验装置图

A：蝶阀；B、C、D、E：三通调节阀；F：风机　1-9：风口

实验仪器包括：热球风速仪、叶轮风速仪、比托管、倾斜式微压计、通风干湿球温度计、水银温度计等。

8.4.4　实验内容及步骤

1. 测试准备工作

①管道风速、风量的测定断面的选择，测点的布置；

②风口风量的测定。由于风口有效通风面积与外框的面积相差较大，送风口风量可按下式计算：

$$L = 3600KF_{\mathrm{w}}v \tag{8-23}$$

式中：L——送风口的风量，$\mathrm{m^3/h}$；

　　　K——送风口格栅的修正系数；

　　　F_{w}——送风口外框的面积，$\mathrm{m^2}$；

　　　v——送风口处测得的平均风速，$\mathrm{m/s}$。

送风口处风速测量的方法有：

匀速移动法：对于截面不太大的风口，可将风速仪在截面上按一定的路线缓慢匀速地移动，如图 8-7，移动路线应遍及测定平面各部位。移动时，风速仪不得离开风口平面，移动一遍后即可得到测定平面的平均风速。通常应测定三次以上，然后取它们的平均值作为该断面的风速值。

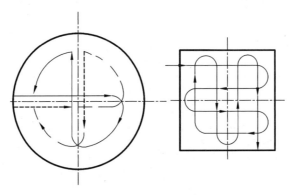

图 8-7　匀速移动测量路线图

定点测定法：按风口形状、大小划分若干面积相等的小块，在小块的中心处测量。对于尺寸较大的风口和风速不均匀的风口适当增加测点，对于尺寸较小的风口，其测点数不宜少于 5 个。

2. 基本步骤

(1)将所有三通调节阀都调到中间位置，A 处阀门设定于某一运行位置，其余调节阀全部打开。

(2)启动送风机，对全部风口的风量进行初调。

$$\alpha = \frac{L_c}{L_s} \times 100\% \tag{8-24}$$

式中：α——风口初测风量与设计风量的比值百分数；

　　　L_c——风口初测风量，m^3/h；

　　　L_s——风口设计风量，m^3/h。

将计算结果列表整理。

(3)在各支管中选择 α 值最小的风口作为基准风口进行初调(假设经过测算，$1^\#$、$5^\#$、$7^\#$ 风口的 α 值最小)。调节一般从送风机最远的支管 I 开始，用两套仪器同时测量 $1^\#$、$2^\#$ 号风口，用调节阀 E 调节，使得：

$$\frac{L_{1c}}{L_{1s}} \times 100\% \approx \frac{L_{2c}}{L_{2s}} \times 100\% \tag{8-25}$$

式中：L_{1c}，L_{1s}——$1^\#$风口的实测风量和设计风量，m^3/h；

　　　L_{2c}，L_{2s}——$2^\#$风口的实测风量和设计风量，m^3/h。

这样调整后，$1^\#$风口的 α 值将增加，$2^\#$风口的 α 值将减小。根据风量平衡的原理，无论前边风管的风量如何变化，$1^\#$和 $2^\#$风口的风量将随之等比地分配。

(4)保持 $1^\#$风口处的测量仪器不动，同时测量 $1^\#$和 $3^\#$风口，用调节阀 D 调节，使得：

$$\frac{L_{1c}}{L_{1s}} \times 100\% \approx \frac{L_{3c}}{L_{3s}} \times 100\% \tag{8-26}$$

式中：L_{3c}，L_{3s}——3$^{\#}$风口的实测风量和设计风量，m^3/h。

这样调整后，支管 Ⅰ 的各风口风量基本达到平衡，即 α 值接近相等。

（5）支管 Ⅱ 和支管 Ⅲ 也按前述的方法调整平衡，其中假设的基准风口 5$^{\#}$风口不在支管末端，调整时就要从 4$^{\#}$风口开始逐步向前调节。

（6）各支管上风口风量调整平衡后，从最远的支管开始进行支管风量的调整。

假设选择 3$^{\#}$、6$^{\#}$风口为支管 Ⅰ 、Ⅱ 的代表风口，调节阀门 C，使得

$$\frac{L_{3c}}{L_{3s}}\times100\%\approx\frac{L_{6c}}{L_{6s}}\times100\% \tag{8-27}$$

式中：L_{6c}，L_{6s}——6$^{\#}$风口的实测风量和设计风量，m^3/h。

假设选择 9$^{\#}$风口为支管 Ⅲ 的代表风口；支管 Ⅳ 的代表风口可在 1$^{\#}$~6$^{\#}$调风口中任选，假定选择 6$^{\#}$风口为支管 Ⅳ 的代表风口，调节阀门 B，使得

$$\frac{L_{6c}}{L_{6s}}\times100\%\approx\frac{L_{9c}}{L_{9s}}\times100\% \tag{8-28}$$

式中：L_{9c}，L_{9s}——9$^{\#}$风口的实测风量和设计风量，m^3/h。

于是，支管 Ⅰ 、Ⅱ 、Ⅲ 、Ⅳ 均已平衡。但此时各风口的风量尚不等于设计风量。

（7）调节总管阀门 A，使总管风量达到设计风量。这时，各支管和各风口将按调整好的百分数自动进行等比分配，使它们达到设计的风量。

8.4.5 实验报告

1. 数据记录及处理
将测定数据与调整过程记于表 8-5 中。

表 8-5 送风量测定数据汇总表

支管	风口	设计风量 L_s /($m^3 \cdot h^{-1}$)	实测风量 L_c /($m^3 \cdot h^{-1}$)	比值 α /%	调整风量 L_c' /($m^3 \cdot h^{-1}$)	调整比值 α_1 /%	调整风量 L_{c2}' /($m^3 \cdot h^{-1}$)	调整比值 α_2 /%

2. 分析与讨论
①说明基准风口调整法与流量等比分配法各有什么特点，它们各适用什么样的空调系统。

②在空调系统送风量的调整中，经常会碰到风口型式、规格、风量等都相同的风口，那么在风口送风量的均匀调整中，可采取一些什么措施来加快调试的进度。

③说明为什么要以 α 值最小的风口为基准风口，为什么要从离送风机最远的支管开始调整。

8.5　空调系统冷却塔性能测定

在空调系统中，冷却塔以水作为循环冷却剂，将通过蒸发散热、对流传热和辐射传热等，从制冷系统中吸收的热量排放至大气来保证制冷循环系统的正常运行。因此，冷却塔热工性能的测定是研究其动态运行特性，如确定冷却能力，流过冷却塔的冷却水、喷淋水、空气等介质冷却和受热的程度，流动阻力的大小、冷却效率系数的高低等参数的重要方法。

8.5.1　实验目的

①理解冷却塔的工作原理和工作过程，了解水在冷却塔中的冷却过程及水和空气进行传热、传质的热力过程。

②掌握冷却塔热力性能测量方法和实验测试仪表的使用。

8.5.2　实验原理

冷却塔是利用蒸发冷却原理使热水降温以获得循环冷却水的装置。热水从塔上部向下喷淋与自下而上的湿空气流接触。装置中部有填料，用以增大两者的接触面积和接触时间。热水与空气间进行着复杂的传热与传质过程，总的效果是水分蒸发，吸收汽化潜热，使水温降低。

考核冷却塔的传热传质性能指标，主要有冷却效率、冷却能力、汽水比、交换数、容积散质系数、电耗和噪声，工业测量中，还需考核冷却塔的漂水率。本实验主要对冷却塔的冷却效率、冷却能力、汽水比、补充水量和噪声进行测试。

1. 冷却塔效率 η_v

冷却塔效率 η_v 定义为冷却塔热水实际进出口温差与热水进口温度和湿空气湿球温度的温差之比(湿空气的湿球温度 t_{aw1} 是热水在冷却塔内可能被冷却到的最低极限温度)，其表达式如下：

$$\eta_v = \frac{t_{w1} - t_{w2}}{t_{w1} - t_{aw1}} \tag{8-29}$$

式中：t_{w1}——进塔水温，℃；

　　　t_{w2}——出塔水温，℃；

　　　t_{aw1}——进塔空气的湿球温度，℃。

2. 冷却塔冷却能力 Q

水通过冷却塔在单位时间内被带走的热量即为冷却塔的冷却能力。

$$Q = q_{mw} c_p (t_{w1} - t_{w2}) \tag{8-30}$$

式中：q_{mw}——循环水量，kg/s；

　　　c_p——水的定压比热容，kJ/(kg·℃)。

3. 冷却塔进风流量 $q_{m,a1}$

冷却塔进风流量 $q_{m,a1}$ 可表示为：

$$q_{m, a1} = 3600 \times \rho \times V_{a1} = 3600 \times \rho \times A_{a1} C_{f1} \qquad (8-31)$$

式中密度 ρ 可用下式计算

$$\rho = \frac{P_a - \varphi_1 \times P_{sl}}{287 \times (273.15 + t_{a1})} + \frac{\varphi_1 \times P_{sl}}{461 \times (273.15 + t_{a1})} \qquad (8-32)$$

式中：P_a——大气压力，Pa；

P_{sl}——大气温度下饱和湿空气中的水蒸气分压力，Pa；

t_{a1}——冷却塔进风口处空气温度，℃；

φ_1——冷却塔进风口处空气的相对湿度；

A_{a1}——进风口截面积，m^2；

C_{f1}——进风口处平均风速，m/s。

4. 汽水比 λ

汽水比即为进入冷却塔的空气质量流量 $q_{m, a1}$ 和水的质量流量 $q_{m, w}$ 之比，其定义式为：

$$\lambda = \frac{q_{m, a1}}{q_{m, w}} \qquad (8-33)$$

5. 冷却塔补给水量 $\Delta q_{m, w}$

根据测得的冷却塔空气入口参数：进口温度 t_1、相对湿度 φ_1 和湿空气的体积流量 V_{a1}（m^3/s），可查得湿空气的饱和压力 p_{s1}，得到湿空气的水蒸气分压力：

$$P_{v1} = \varphi_1 p_{s1} \qquad (8-34)$$

入口处湿空气中水蒸气的质量流量：

$$q_{m, w} = \frac{P_{v1} V_{a1}}{R_{gv} t_1} \qquad (8-35)$$

入口处湿空气中干空气的质量流量：

$$q_{m, a1} = \frac{P_{a1} V_{a1}}{R_{g, a} t_1} \qquad (8-36)$$

冷却塔湿空气出口截面处可测得参数：空气出口温度 t_2 和湿球温度 t_{aw2}，可查得 p_{v2}，当出口截面湿空气达到饱和时，则：

$$p_{v2} = p_{s2} \qquad (8-37)$$

此时计算所得的补水量为最大理论补水量。

出口截面上湿空气含湿量为：

$$d_2 = 0.622 \frac{p_{v2}}{p - p_{v2}} \qquad (8-38)$$

式中：p——大气压力（由大气压力计测得），Pa。

因为 $q_{m, a1} = q_{m, a2}$，湿空气中干空气质量流量不变，所以：

$$q_{m, w2} = d_2 q_{m, a2} = d_2 q_{m, a1} \qquad (8-39)$$

单位时间增加的水量等于湿空气中水蒸气质量流量的增量，即：

$$\Delta q_{m, w} = q_{m, w2} - q_{m, w1} \qquad (8-40)$$

6. 冷却塔风机噪声的测量

冷却塔风机噪声也是冷却塔性能参数测定内容之一。

8.5.3　实验设备

如图 8-8 所示，本实验装置主要由如下几部分组成：冷却塔本体、循环水泵、电磁流量计、温度变送器、温湿度仪、风温风速仪等。

其工作原理是：水由冷却塔接水盘中抽出，被送到加热装置中加热，经加热过的水又被送回到冷却塔的进水管，并由布水器将水均匀分布在冷却填料上，与空气进行传热传质的热质交换过程，降温后再回到冷却塔的接水盘中，连续不断地将热水通过冷却塔冷却后回到加热器。

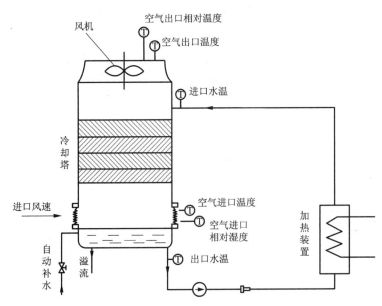

图 8-8　冷却塔实验装置示意图

8.5.4　实验内容及步骤

1. 测量点布置

①进、出口水温分别在冷却塔的进口管和冷却塔的储水器中测得。

②冷却水流量在冷却塔出口管处测得。

③进风口风速、干球温度、相对湿度均在冷却塔吸风口测得。

④出风口干球温度、湿球温度均在冷却塔出风口处测得。

⑤噪声在冷却塔出风口风机处测量，测点布置如图 8-9 所示。

⑥气象参数在冷却塔附近测得。

2. 测试仪表

大气压力计，温度变送器，干、湿球温度计，电磁流量计，风速仪，噪声频谱分析仪。

3. 实验步骤

①首先接通水源，让冷却塔接水盘和循环系统中充满水。

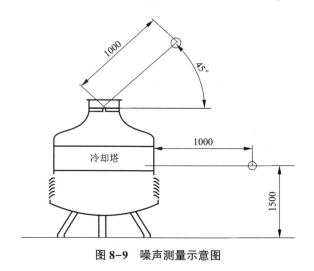

图 8-9　噪声测量示意图

②合上风机电源,启动风机。

③启动水泵,观察系统的运行情况,如一切正常,可接通电加热器的电源,对水进行加热。

④调整好各测试仪表,并处于准备测量状态(如测温系统、测风量风速系统)。

⑤当系统达到稳定状态后进行测试,记录数据。

8.5.5　实验报告

1. 数据记录及处理

本实验测量采用稳态法,即当系统达到稳定时,对上述所列参数在 3 min 内同时连续测量,间隔一段时间后再次测量,共测三次,并将三次数据的平均值作为计算数据。当计算出的气侧与水侧的热平衡误差在 5% 内时,则所测数据视为有效,将实验原始数据记录在表 8-6 中。并根据实验数据计算冷却塔的各项性能参数值。

表 8-6　冷却塔测定原始数据汇总表

			1	2	3	平均值
环境		大气压力/Pa				
		干球温度/℃				
		相对湿度/%				
空气	进口	干球温度/℃				
		相对湿度/%				
		风速/(m·s^{-1})				
	出口	干球温度/℃				
		相对湿度/%				

续表8-6

			1	2	3	平均值
水	进口	温度/℃				
		流速/(m·s⁻¹)				
	出口	温度/℃				
噪声	1#	声级/dB				
	2#	声级/dB				
进风口面积/m²						
进、出水管面积/m²						

2. 分析与讨论

①分析湿空气在冷却塔中进行的几种过程,并在湿空气的 h-d 图上表示出来。

②为什么在冷却塔中可以把热水冷却到比大气温度还低,这是否违反热力学第二定律?

③根据能量方程、质量守恒方程,得出本实验工况下的补给水量 $\Delta q_{m,w}$。

8.6 室内气流组织测定

空调房间空气分布设计或计算的任务在于使经过各种处理的空气合理地分布到被调节的区域、房间或空间,在与周围空气热、质交换的同时,保持受控区域内的空气温度、湿度、清洁度和风速处于预定的限度。为此就需要了解并掌握空间气流组织的分布规律、不同的空气分布方式和相关的设计方法,在保证空间使用功能的条件下,不同的气流分布方式将涉及整个空调系统的耗能量和初投资。

8.6.1 实验目的

①通过室内气流组织实验,掌握室内常见送、回风口布置对室内气流分布、工作区温度速度均匀性的影响。

②学习掌握室内工作区温度和速度的测量方法、气流演示实验方法。

8.6.2 实验原理

室内气流组织的优劣直接影响室内热环境的舒适性,同时也直接影响空调系统的能耗量。通常室内工作区由于余热而形成的负荷只占全室总负荷的一部分,另一部分产生于工作区之上。良好而经济的气流组织形式,应在保证工作区满足空调参数要求的前提下,使空调送风有效地排出工作区的余热,从而达到不增加送风量且提高排风温度的效果,直接排除这部分热量,以提高空调系统的经济性。为此引入评价室内气流组织经济性指标——能量利用

系数 η：

$$\eta = \frac{t_p - t_o}{t_n - t_o} \tag{8-41}$$

式中：t_n、t_o、t_p——室内工作区空气平均温度、送风温度及排(回)风温度，℃。

通过实测获得能量利用系数 η，以评价室内气流组织的经济性。

空调房间工作区的气流速度一般在 0.1~0.5 m/s，而且在数值上和方向上都随时间不断地呈现波动的变化。平常所说的某一流速值只不过是一波动速度的平均值。如果要详细了解送风口周围从中心到四周由近及远的空间气流流速的分布情况，需按照规定在风口周围布置多个测点逐一测量实时风速。

室内气流组织测量方法一般有烟雾法、逐点描绘法和能量利用系数测量方法。

(1)烟雾法

将棉球蘸上发烟剂(如四氯化钛、四氯化锡等)放在送风口处，烟雾随气流在室内流动。仔细观察烟雾的流动方向和范围，在记录图上描绘出射流边界线、回旋涡流区和回流区的轮廓，或者采用摄影法直接记录气流形态。由于从风口射出的烟雾不大而且扩散较快，不易看清楚流动情况，可将蘸上发烟剂的棉花球绑在测杆上，放到需要测定的部位，以观察气流流型。这种方法比较快，但准确性差，只在粗测时采用。

(2)逐点描绘法

将很细的合成纤维丝线或点燃的香绑在测杆上，放在测定断面各测点位置上，观察丝线或烟的流动方向，并在记录图上逐点描绘出气流流型，或者采用摄影法直接记录气流形态。这种测试方法比较接近于实际情况。

应注意上述用于记录气流形态的摄影法对拍摄焦距、烟雾与背景的对比度等要求较高。

(3)能量利用系数测量方法

分别在室内工作区、送、回风口处布置温度测点，温度测量仪器采用热电偶测量，工作区温度应采用多点布置取其平均值，计算求得能量利用系数。

8.6.3　实验设备

本实验的空调房间送、回风口布置是固定的，其风口布置情况如图 8-10 所示。

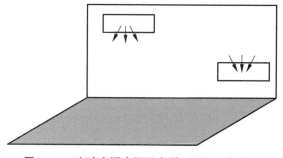

图 8-10　实验空调房间固定送、回风口布置图

8.6.4 实验内容及步骤

①风口、气流组织的选择。目前环境室内可供测量的送、出风口为双层百叶窗，如图 8-10 所示，固定的气流组织形式为上送下回。可以通过在固定风口加装风罩和散流器改变气流组织形式。

②熟悉本实验装置，调试热线风速计，确认其正常工作，了解空调房间送、回风口的设置情况。选择一种风口形式及其气流组织方式，并通过风罩、风管等设备确定送、回风口位置。

③观察送、回风口并按照图 8-11 进行测点布置，测点间距要根据实际的送、回风口风速自行确定。某一位置的空间测点之间的间距也由测试者根据实际情况选取。

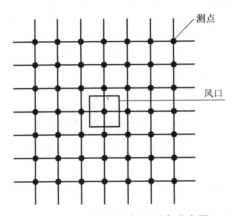

图 8-11 测试位置断面测点分布图

④调整送风温度及其送风量至设定值，待稳定后进行实验测试。

⑤同时记录所测的工作区每个断面、送、回风口处的风速和温度。

8.6.5 实验报告

1.数据记录及处理

记录实验测试数据到表 8-7 和表 8-8。

表 8-7 测点风速汇总表

送风速度/(m·s⁻¹)					
断面位置	1	2	3	4	5
测点 1 风速/(m·s⁻¹)					
测点 2 风速/(m·s⁻¹)					
测点 3 风速/(m·s⁻¹)					

续表8-7

送风速度/(m·s⁻¹)					
断面位置	1	2	3	4	5
测点4风速/(m·s⁻¹)					
测点5风速/(m·s⁻¹)					

表 8-8　测点温度汇总表

实验工况	风口形状	送风方式	序号	室内温度 t_n/℃		送风温度 t_o/℃	回风温度 t_p/℃	能量利用系数
				1	2			
1			①					
			②					
			③					
		平均能量利用系数：						
2			①					
			②					
			③					
		平均能量利用系数：						

　　根据记录表中记录的风速值，按照测试时的测点位置进行测试图的回归，画各测试断面的风速分布图。描绘气流组织效果图，分析并比较不同气流组织的流动情况及特点。

2. 分析与讨论

　　①如何用能量利用系数 η 评价室内气流组织的优劣？

　　②具体测试位置(相对于送风口的位置)与测点间距的选取与哪些因素有关？请说明你所采用的工作区温度的测量点布置方法，说明理由。

　　③分析在实际的空调房间进行房间气流组织风速测点的选取时需要考虑或者避免哪些问题。

　　④对测试结果进行统计分析并且绘成流场图后与理想的流场分布是否符合，原因是什么？

8.7　地源热泵空调系统运行测试实验

　　地源热泵中央空调系统是利用地球表面浅层水源(如地下水、河流和湖泊)和土壤源中的能量，通过热泵技术实现供热、制冷的高效节能中央空调系统。

8.7.1 实验目的

①了解地源热泵系统的组成和工作原理，系统 COP 的含义和计算方法。
②掌握地源热泵实验技术和测试软件的使用方法。
③了解地埋管的几种形式和特点。

8.7.2 实验原理

地源热泵空调机组是一种利用浅层地能进行供热制冷的高效节能中央空调系统，是热泵技术应用的一种，其基本原理仍然是利用逆卡诺循环实现冷量和热量转换。

地源热泵系统制冷模式：在制冷状态下，地源热泵机组内的压缩机对冷媒做功，使其进行气–液转化的循环。通过蒸发器内冷媒的蒸发将由风机盘管循环所携带的热量吸收至冷媒中，在冷媒循环同时再通过冷凝器内冷媒的冷凝，由水路循环将冷媒所携带的热量吸收，最终由水路循环转移至地表水、地下水或土壤里。在室内热量不断转移至地下的过程中，通过风机盘管，以冷风的形式为房间供冷。

地源热泵空调系统供热模式：在供热状态下，压缩机对冷媒做功，并通过换向阀将冷媒流动方向换向。由地下的水路循环吸收地表水、地下水或土壤里的热量，通过冷凝器内冷媒的蒸发，将水路循环中的热量吸收至冷媒中，在冷媒循环的同时再通过蒸发器内冷媒的冷凝，由风机盘管循环将冷媒所携带的热量吸收。在地下的热量不断转移至室内的过程中，以热风的形式为房间供暖。

8.7.3 实验设备

地源热泵空调系统是由地源侧换热系统、热泵机组、负荷侧空调管路系统组成。地源侧换热系统主要包括：室外换热井和地埋管换热器、集水器、分水器、循环水泵及管路系统成；负荷侧空调系统包括：风机盘管、循环水泵和管路系统；热泵机组包括：地源热泵主机、管路系统及热泵应用实验平台监控系统。

热泵应用实验平台监控系统通过对热泵系统中各设备数据的实时监测，建立系统性能运行各项数据库，为评估热泵系统运行工况、提高系统运行效率提供实际依据。系统如图 8-12 所示，由上位控制系统、PLC 控制操作台、便携式无纸记录仪、地源热泵主机、换热井、循环水泵、风机盘管、自动补水混水系统、移动测试单元及若干现场传感器件组成。

①上位控制系统：上位控制部分由装有组态软件的监控计算机、通信转换器组成，上位机与无纸记录仪、PLC(可编程逻辑控制器)采用相关协议进行通信连接，实现实验数据实时采集、监控与分析。

②PLC 控制操作台：下位控制采集部分由可编程控制器、开关电源、断路器、继电器等电气元件构成。这里是监控系统的核心，PLC 通过数据采集模块对现场传感器测量过来的信号以及保护器件反馈过来的信号进行综合管控，在面板上可对空调侧水泵及两台风机盘管进行启停操作。

③便携式无纸记录仪：便携式无纸记录仪负责将现场传感器测量过来的信号进行采集记录，可以实现数据的存储分析及拷贝，将采集到的数据通过通信方式实时传输到上位监控系统中进行处理分析。

④地源热泵主机：主机采用水-水型地源热泵制冷供热两用机组，涡旋式压缩机，制冷量 12 kW，制热量 10.3 kW。

⑤换热井：系统设置 5 口与地源热泵主机配套的换热井，其中两套为单 U32 换热井(井深 100 m，5 个温度传感器每隔 20 m 放置一个)，两套为双 U25 换热井(井深 100 m，5 个温度传感器每隔 20 m 放置一个)，一套为套管式换热井(井深 30 m，5 个温度传感器每隔 6 m 放置一个)。

⑥循环水泵：水泵是为系统水循环提供动力的设备装置。

⑦风机盘管：风机盘管是地源热泵空调系统的末端换热设备，分别布置在不同环境。

⑧自动补水混水系统：用于地源热泵系统补水和混水。

⑨移动测试单元：移动测试单元由一台地源水泵(变频控制)、一台电磁流量计、一台电热装置、一台小型无纸记录仪及电控系统组成。移动测试单元用于地源热泵工程现场测试，通过无纸记录仪中存储的实时监测数据对现场工况进行分析，无纸记录仪的数据也可连接电脑进行转存、拷贝和分析处理。

⑩现场传感器件：现场传感器件由温度(PT100)传感器、电磁流量计、能量计等构成，主要负责将试验中的实时温度信号、流量信号采集并传输给 PLC 控制器、无纸记录仪或上位机。

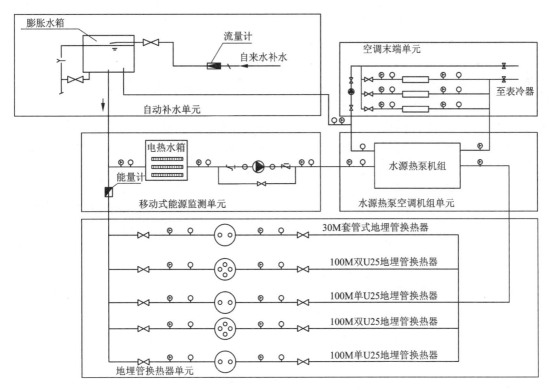

图 8-12 地源热泵空调实验系统图

8.7.4　实验内容及步骤

实验平台操作步骤如图8-13所示。

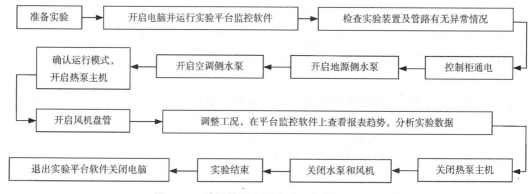

图8-13　地源热泵空调实验平台操作流程图

1.电控设备操作

系统电控设备包括热泵主机、地源侧水泵、空调侧水泵、风机盘管等。

①热泵主机可在机器侧面安装的控制器上进行开、关机及温度调节操作。

②地源侧水泵的启动需打开移动测试单元箱侧门将开关推上去启动。

③空调侧水泵和风机盘管的启停控制均在PLC操作台面板上直接操作:点击位于控制柜中上部的"空调侧水泵"变频控制面板中的"RUN"按钮,可启动水泵,启动水泵后变频器的"RUN"指示灯会点亮,同时变频器控制面板中部会显示当前运行频率,通过面板上的调整旋钮,可调节水泵的运行频率,一般建议运行频率在35~50 Hz区间;点击"STOP"按钮可停止水泵。两个风机盘管控制器位于控制柜面板的上部,通过控制器可以控制风机盘管风速大小(高、中、低三档速度)。试验时各电控设备原则上按照以下顺序进行开启和关闭,且遵循先开后停的原则。

2.监控平台操作

1)开启监控画面,点击"热泵应用技术实验平台"图标进入实验监控平台,打开监控主界面,如图8-14所示,监控主画面包含了整个实验流程的设备运行情况和环境实时监测数据。

图中显示的均为传感器采集的实时监测数据,未采集到的数据或者传感器异常时,数据会显示"-9999"。数据显示"???",则是通信还未正常。需要注意的是监控平台开启后请查看热泵机组上面是否还显示"???",如果显示"???",则说明通信未正常,这时请不要开启热泵主机,等通信正常后再开主机(一般刚开机通信可能会延迟20 s左右),否则可能会出现实验报表数据与实际不一致的情况。

当鼠标放置在数值上时会显示该数据名称提示,例如:"源水侧进口温度""1#井地埋管温度1"等提示信息。点击显示数据,则会弹出运行趋势画面,通过该画面,可以查询到实时或者一段时间内该数据的历史变化趋势。

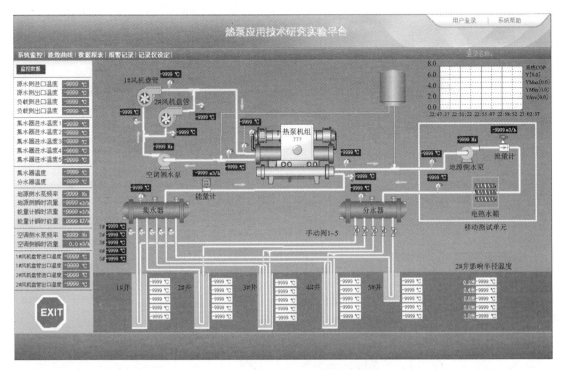

图 8-14　热泵应用技术实验台主界面

当水泵和风机盘管运行时，画面图标会变成绿色以提示该设备已经在运行，同时相应管路中会有水流流动。

主界面中右上部显示的是 15 min 系统 COP 变化趋势。

主界面中间分水器下面有 5 个手动阀，因为是手动阀，所以系统无法采集到阀的实际运行状况，为了使画面上更直观地展现当时的环境工况，请将手动阀状态设置跟实际一致，为了避免误操作等，只有登录了"操作员"以上的权限才能修改手动阀的状态。

2）设定实验模式和实验参数：

点击热泵机组图标，弹出"热泵机组监控"窗口，从这里可以看到当前机组运行状态提示，可以登录"操作员"以上权限，进行制冷和制热实验模式确定并进行温度设定以及机组开、关机操作。

3）实验数据采集、分析及监控。

①能效曲线

点击"能效曲线"菜单，进入能效曲线画面，见图 8-15 所示。

通过画面可以查询到系统 COP 一段时间内的变化趋势。进入画面时，默认显示 30 min 内系统 COP 值变化趋势，间隔时长可以通过下面的按钮进行切换。点击"5 min"按钮，可以看到趋势坐标 X 轴的时间跨度变为了 5 min；点击"15 min"按钮，可以看到趋势坐标 X 轴的时间跨度变为了 15 min，其他按钮类似。

为了便于观察，有时需要让实时变化的曲线停止移动，点击"暂停"按钮，这时实时数据依然会采集到数据库中，但曲线暂时不绘制。点击"开始"按钮，曲线又会恢复到实时动态变化趋势。

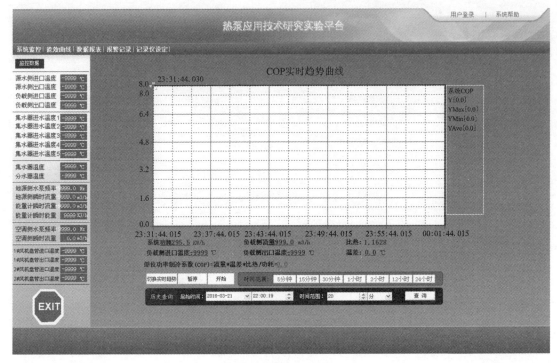

图 8-15　能效曲线界面

画面下部的历史查询栏，用来查询历史时期系统 COP 的变化情况，"起始时间"设置从什么时间开始，"时间范围"设置从起始时间以后多长的时间范围，当点击"查询"按钮后，我们就可以看到相应历史时期的系统 COP 变化趋势。

②报警记录

点击"报警记录"按钮进入报警信息查询画面，如图 8-16 所示。

报警显示包括实时报警以及历史报警。实时报警是实时显示报警的类型、级别等，历史报警显示监控平台运行后所产生的所有报警的历史记录，通过相关按钮可以进行查询。系统只有在传感器异常时才会提示并显示报警信息。

③数据报表

点击"数据报表"菜单可进入报表查询画面，如图 8-17 所示。

点击"报表查询"按钮，弹出报表查询时间参数设置窗口，选择好起始时间，时间长度，查询间隔，点击"确定"按钮之后软件就会自动在数据库中搜索查询时间段内的实验数据并生成报表。这里生成的报表可以直接打印，也可以将报表导出 EXCEL 格式转存，方便对数据做进一步分析处理。

只要遵循实验开始前先开计算机监控软件平台，实验结束后再关监控平台的步骤，系统就会按设置间隔的时间填充数据自动生成实验报表。当完成实验，关闭机组后，这张报表会自动转存到"D：\实验报告"目录下，这时点击"历史实验报告"按钮，就会打开该文件夹，再根据实验报告日期查询到当天的实验报表。

图 8-16　报警显示界面

图 8-17　数据报表界面

　　点击"开停机记录"按钮，会打开一个记事本文件，该文件记录了机组开机、停机的时间，这一般是每次做实验的操作时间记录。通过这个文件，可以方便地得知实验开始和持续时间。在报表查询里设置该查询周期就可以查询到当时实验的数据。

3. 其他注意事项

　　①实验平台监控软件一定要在实验之前打开，实验完成之后再退出软件并关闭电脑，以确保整个实验过程采集的数据都能够完整地存储到电脑中。

　　②传感器检查或更换时请将控制电源关闭后再操作，以免损坏传感器或引起电源短路。

　　③电脑插座仅允许给试验用的监控计算机、打印机、扫描仪供电，请勿外接其他大功率设备。

8.7.5　实验报告

1. 数据记录

实验系统可以自动生成实验数据汇总表。

2. 分析与讨论

①对相同工况下单 U、双 U 和套管式地埋管地源热泵空调系统 COP 进行对比分析。

②说明影响地源热泵系统 COP 值的主要因素。

第9章 通风系统测试实验

通风工程是借助换气稀释或通风排除等手段，排除室内余热和余湿，控制室内空气污染物的传播，实现室内外空气环境质量保障的一种控制技术。通风系统主要包括进风口、排风口、送风管道、风机、过滤器和除尘器等设备。为能更好地控制并改善生活和生产环境，需掌握对通风系统及相应设备的测试方法和手段。

9.1 通风系统风量、风压测量

在通风、除尘工程中，需要对系统中风压、风速及风量进行测定和调整，以保证系统能在正常运行工况下工作，同时满足室内空气量或排风量的要求。所以，掌握通风系统风量、风压测量方法和测量仪器的使用对今后从事通风系统的设计、施工和运行是十分必要的。

9.1.1 实验目的

①通过实验掌握通风系统的静压、动压、全压的测量方法，掌握风量的间接测量和计算方法。

②了解影响风量、风压的因素。掌握各测量仪器的特点和使用方法。

9.1.2 实验原理

选择某一通风系统风管断面进行静压、动压、全压的测量。计算该断面的平均风速及风量。

毕托管(结构如图9-1所示)可测出风管中的全压和静压，压差值就是动压。即：

$$P_q - P_j = P_d \qquad (9-1)$$

式中：P_q——全压，N/m^2；

P_j——静压，N/m^2；

P_d——动压，N/m^2。

通风系统管道内某测点的风速与动压有如下关系：

$$P_d = \frac{v^2}{2}\rho \tag{9-2}$$

式中：v——某点的空气流速，m/s；

　　　ρ——空气的密度，kg/m^3。

$$v = \sqrt{\frac{2P_d}{\rho}} \tag{9-3}$$

由于气流速度在测定断面上的分布是不均匀的，为测得该断面上的平均风速，必须多点测量，测点位置按等环面积法来确定。

此时，测量断面的平均风速为：

$$v_p = \sqrt{\frac{2}{\rho}\left(\frac{\sqrt{P_{d1}} + \sqrt{P_{d2}} + \cdots + \sqrt{P_{dn}}}{n}\right)} \tag{9-4}$$

测量断面的体积流量为：

$$L = v_p F \tag{9-5}$$

式中：v_p——断面的平均风速，m/s；

　　　P_{d1}，P_{d2}，$\cdots$，P_{dn}——断面各点的动压，Pa；

　　　L——空气流量，m^3/s；

　　　F——测点断面的面积，m^2；

　　　n——测点数。

9.1.3　实验设备

1. 压力测量设备

通风系统的压力包括静压、动压、全压，气流压力多采用毕托管与差压计测量。毕托管的结构如图 9-1 所示，数字微差压仪如图 9-2 所示。将毕托管按规定放入通风管道内，测头对准气流，A、B 分别连接数字微差压仪的"＋""－"接口，则 A 端引出的压力值为全压，B 端引出的压力值为静压。

当 A、B 两端同时连接数字微差压仪"＋""－"接口时，数字微差压仪测出的压差值为动压，动压的计算公式如式(9-1)所示。

当拔下 A 端时，数字微差压仪测出的压差值为大气压与静压的差值，即：

$$P_{amb} - P_j = \Delta \tag{9-6}$$

式中：P_{amb}——大气压力，N/m^2；

　　　P_j——静压，N/m^2；

　　　Δ——大气压与静压的差值，N/m^2。

2. 通风系统及测点布置

实验用通风系统及测点布置示意图如图 9-3 所示。

为了减少气流扰动对测定结果的影响，压力测量断面应选择在气流平直扰动少的直管段上，若管道有局部构件，测点布置前侧与构件距离要大于 3 倍以上管道直径，测点布置后侧与局部构件距离应大于 6 倍管道直径。

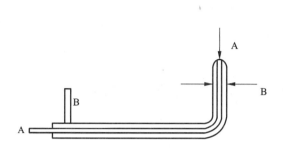

图 9-1　毕托管结构

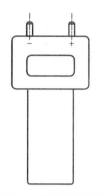

图 9-2　数字微差压仪

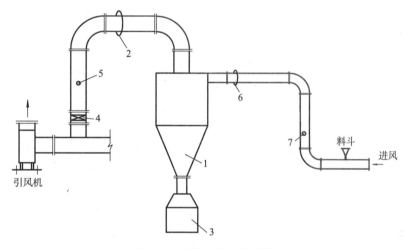

图 9-3　通风系统实验装置

1—旋风除尘机；2—静压环；3—灰箱；4—蝶形风门；5—测点位置；6—静压环；7—测点位置

测量除尘系统的风量时，为避免毕托管测压孔堵塞，也可用 S 型测压管。由于该测压管测出的压差并不是该点的实际动压，因此，每根 S 型测压管在使用前必须校正，在测压管上标出它们的校正系数。不同的测压管修正系数 K_b 是不同的。

9.1.4　实验内容及步骤

①调整风门开度，调节出大、中、小 3 个流量；

②在每个流量下，按等环面积法，测定每个测点的动压、静压；

③计算压力平均值及平均风速与流量；

④通过实验数据得出风量、风压关系。

注意事项：

①测量时毕托管端部应该对准来流或与风管轴线平行，毕托管头部不应触及风管的内表面。

②由于断面上各点的静压值是相同的，只要测出一点的静压，就是该断面的静压。

③用毕托管测定管道内气流速度，仅适用于 $v \geqslant 5$ m/s 的场合。

9.1.5　实验报告

①将原始数据填入表 9-1 中，将实验数据和计算出的平均风速、流量填入表 9-2 中。

表 9-1　通风系统原始数据

管道内空气温度 $t/℃$		大气压力 B/Pa	
空气容重 $\rho/(kg \cdot m^{-3})$		测定断面直径 D/mm	200
分环数 n	3	动压修正系数 $K_b = 1$	1
测点编号 NO	1	2	3
测点至管壁距离/mm	$0.0321D = 6.5$	$0.1349D = 27$	$0.3207D = 64$

表 9-2　风量、风压测量数据汇总表

开度	测点编号	静压 P_j/Pa	平均静压 P_j/Pa	动压 $P_d = k_b P_d$ /Pa	风速 $v = \sqrt{\dfrac{2P_d}{\rho}}$ /(m·s^{-1})	平均风速 $v_p/(m \cdot s^{-1})$	流量 Q $L = V_p \times F$ /(m^3·s^{-1})
1	1						
	2						
	3						
2	4						
	5						
	6						
3	7						
	8						
	9						

②作出风量、风压关系曲线。

③进行误差分析。

9.2 旋风除尘器性能测定

将工业废气中的颗粒和细微粉尘从烟气或空气中分离出来的设备称为除尘器，除尘器的效率和阻力直接影响除尘的效果，本节主要介绍旋风除尘器性能测定方法和实验设备。

9.2.1 实验目的

①掌握除尘器效率、阻力损失、风速和风量的测定方法；
②了解除尘器运行工况对其效率和阻力的影响。

9.2.2 实验原理

1. 除尘器效率

除尘器效率可按下式计算：

$$\eta = \frac{G_3}{G_1} \tag{9-7}$$

式中：η——除尘器效率，%；

G_1——供给除尘器的粉尘量，g；

G_3——除尘器除下的粉尘量，g。

在除尘器不发生漏风的情况下，公式(9-7)可改写为：

$$\eta = \frac{y_1 - y_2}{y_1} \tag{9-8}$$

式中：y_1——除尘器前空气含尘浓度，mg/m³；

y_2——除尘器后空气含尘浓度，mg/m³。

按公式(9-7)计算的效率称为称重法，此法较精确，主要用于实验研究。按公式(9-8)计算的效率称为浓度法，主要用于生产现场，它的测定工作量大，本实验采用称重法。

2. 除尘器阻力损失

空气流过除尘器要产生阻力损失，消耗能量，阻力损失通常要通过实测来确定。

除尘器阻力损失按下式计算：

$$\Delta P = \left(\rho \frac{V_1^2}{2} - \rho \frac{V_2^2}{2} \right) + （P_{j1} - P_{j2}） = \frac{\rho}{2} V_2^2 \left(\frac{D_2^2}{D_1^2} - 1 \right) + （P_{j1} - P_{j2}） \tag{9-9}$$

式中：ΔP——除尘器阻力损失，Pa；

V_1——除尘器进口平均风速，m/s；

V_2——除尘器出口平均风速，m/s；

P_{j1}——除尘器进口静压，Pa；

P_{j2}——除尘器出口静压，Pa；

ρ——空气的密度，kg/m³；

D_1——除尘器进口管路内径，m；

D_2——除尘器出口管路内径，m。

3. 除尘器风速、风量

除尘器出口直管段的动压（采用等环面积法）风速和风压参照 9.1 节中通风系统的风量风压测量，采用式（9-4）、式（9-5）可计算出除尘器出口的平均风速及通风量。

9.2.3 实验设备

实验系统如图 9-4 所示，另需压力计、称重天平等仪器。

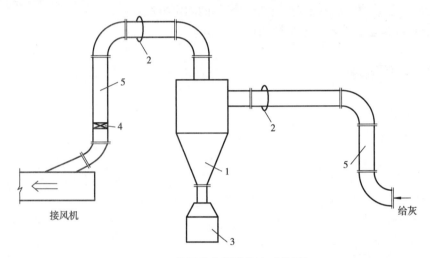

图 9-4 旋风除尘器性能实验装置

1—旋风除尘机；2—静压环；3—灰箱；4—插板阀；5—侧面断面面积

9.2.4 实验内容及步骤

①调节阀门开度，使流量达到测试的要求，选择大、中、小三个开度。

②测定除尘器进口处空气含尘浓度，一般取 $y=3$ g/m³。

③称取一定质量的滑石粉。

④在某开度下启动风机，然后给系统均匀加粉，同时测定除尘出口动压（等环面积法）及除尘器进、出口静压。

⑤加粉完毕后，关停风机，待转速很低或完全停机取出除尘器捕下的粉尘，并称量其质量 G_3。

⑥调节阀门开度至另一开度，重复实验，直至三个开度的实验完成。

注意事项：

①每次的测试时间为 3~5 min，预先称好实验所需的粉尘量 G，从给料口均匀撒入。

②必须等风机转速很低或停机时才能从除尘器取出除下的粉尘。

9.2.5　实验报告

1. 实验数据记录

根据实验数据, 由式(9-4)、式(9-5)、式(9-6)计算出风速、平均风速和流量, 由式(9-7)、式(9-8)和式(9-9)计算出除尘器的除尘效率和阻力损失, 并将计算数据填入表9-3中。同时在坐标纸上作出除尘器效率及阻力损失与风量的变化关系曲线。

表 9-3　旋风除尘器性能的测定结果汇总表

实验粉尘: 滑石粉　　　　　　　　　　　　　　除尘器前测定断面直径 d_1:
进口面积 F_0:　　　　　　　　　　　　　　　　除尘器后测定断面直径 d_2:

测定	系统风量 L_0/ (m^3/s^{-1})	进口风速 V_0/ ($m \cdot s^{-1}$)	进口动压 P_d/Pa	给灰量 G_1/g	收灰量 G_3/g	除尘器效率 η/%	前后(静) 全压差 ΔP/Pa	局部阻力系数 ε	平均局部阻力系数 $\bar{\varepsilon}$

注: 本实验除尘器前测定断面直径 d_1 为 120 mm, 除尘器后测定断面直径 d_2 为 200 mm。

2. 分析与讨论

①给料口加入的粉堆积在进风管有什么影响?
②试解释除尘器效率的概念。

9.3　局部排风罩性能测定

在工业生产中, 有某些生产过程会产生有害的污染物, 使用局部排风罩可将污染源全部或部分密闭在罩内, 并通过排风系统将有害物排出作业面。此种方法控制有害物的效果好, 不受环境气流影响, 在工业通风工程中被广泛采用。

9.3.1　实验目的

①了解局部排风罩的工作特性。
②掌握用动压法测定局部排风罩的排风量。
③掌握用静压法测定局部排风罩的排风量。
④掌握排风罩阻力的测定。

9.3.2 实验原理

1. 动压法

用动压法测排风罩风量,其测定原理同风管内风量测定。按图9-5所示,测出断面1-1上各测点 p 的动压,再按式(9-10)、式(9-11)计算排风罩的排风量。

$$v_p = \sqrt{\frac{2}{\rho}} \left(\frac{\sqrt{P_{d1}} + \sqrt{P_{d2}} + \cdots + \sqrt{P_{dn}}}{n} \right) \tag{9-10}$$

$$L = v_p \cdot F \tag{9-11}$$

式中: v_p——断面平均风速, m/s;

n——测点数;

L——排风量, m^3/s;

F——测量断面的面积, m^2。

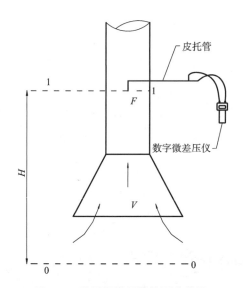

图9-5 排风罩排风量的测定装置

2. 静压法

在现场测定时,由于各管件之间的距离很短,不易找到比较稳定的测定断面,用动压法测量流量有一定的困难,此时可通过测量静压求得排风罩的风量。

局部排风罩的阻力:

$$\Delta P_q = -(P_j' + P_d') = \xi \frac{v_1^2}{2} \rho = \xi P_d' \tag{9-12}$$

式中: ξ——局部排风罩的局部阻力系数;

v_1——断面的平均流速, m/s;

ρ——空气的密度, kg/m^3;

P_d'——所测断面的动压, Pa;

P'_j——所测断面的静压，Pa。

因此

$$P'_d = \frac{1}{1+\xi}|P'_j|$$

$$\sqrt{P'_d} = \frac{1}{\sqrt{1+\xi}}\sqrt{|P'_j|} = \mu\sqrt{|P'_j|} \tag{9-13}$$

且

$$\mu = \sqrt{\frac{P'_d}{|P'_j|}}$$

式中：μ——局部排风罩的流量系数。

局部排风罩的排风量为：

$$L = v_1 F = \sqrt{\frac{2P'_d}{\rho}}F = \mu F\sqrt{\frac{2}{\rho}}\sqrt{|P'_j|} \tag{9-14}$$

式中：F——测量断面的面积，m^2。

从式(9-14)可以看出，只要已知排风罩的流量系数 μ 及管口处的静压，即可测出排风罩的流量。有些流量计如各种类型的进口流量计也是按此原理工作的。

各种形状的排风罩的流量系数 μ 可用实验方法求得，也可以从有关资料查得。由于实际的排风罩和资料上给出的不可能完全相同，按资料上的 μ 值计算排风量会有一定的误差。

在一个排风系统中，如有多个形式相同的排风罩，用动压法测出罩口风量后，再对各排风罩的排风量进行调整，非常麻烦，如果先测出排风罩的 μ 值，然后再按照公式(9-12)选出各排风罩要求的静压，通过调整静压调整各排风罩的排风量，工作量可以大大减少。如均匀送风管上要保持各孔口的送风量相等，只需调整出口处的静压，使其保持相等。

3. 排风罩的阻力

排风罩罩口断面与所测断面的全压差即为排风罩的阻力 ΔP_q。由于罩口断面的全压等于零，因此：

$$\Delta P_q = P_q^0 - P'_q = 0 - (P'_j + P'_d) = -(P'_j + P'_d) = \xi\frac{v_1^2}{2}\rho = \xi P'_d \tag{9-15}$$

式中，P_q^0——罩口断面的全压，Pa；

$\quad\quad P'_q$——所测断面的全压，Pa；

$\quad\quad P'_j$——所测断面的静压，Pa；

$\quad\quad P'_d$——所测断面的动压，Pa。

9.3.3 实验设备

图 9-5 为动压法排风罩排风量的测定装置，测定装置连接在通风系统风路上，断面 1 为动压测点，测点位置按等环面积法来确定。

静压法测风量的装置图和测压连接方式见图 9-6 所示，测定装置连接在通风系统风路上。

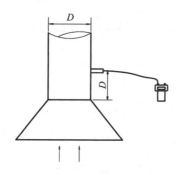

图 9-6 静压法测量排风量

9.3.4 实验内容及步骤

①启动通风系统。
②调节插板阀以调节风量。
③测量所需动压、静压和全压。
④计算排风罩相应风量和阻力。

9.3.5 实验报告

1. 实验数据记录与数据处理

将按动压法和静压法测量风量的数据填入表 9-4 和表 9-5 中。

表 9-4 动压法实验数据汇总表

所测断面的直径 d=　　　　　　大气压力 B=
毕托管的修正系数 k=　　　　　空气温度 t=

测点编号	测点至管壁距离/mm	微压计系数/Ka	微压计动压读数/mm	实际动压/Pa	平均动压/Pa	平均流速/(m·s⁻¹)	风量/(m⁻³/s⁻¹)
1							
2							
3							
4							
...							

表 9-5　静压法实验数据汇总表

测点编号	测点至管壁距离/mm	微压计系数/Ka	微压计静压读数/Pa	微压计动压读数/Pa	静压/Pa	动压/Pa	流量系数 μ	风量/(m$^{-3}\cdot$s^{-1})
1								
2								
3								
4								
...								

根据式(9-14)、式(9-15)计算排风罩风量和阻力。

2. 分析与讨论

①吸气口为自由空间点吸汇或设在墙上,排风量有何不同?

②试分析排风罩前设障碍物会对排放量造成什么影响。

③对实验结果进行误差分析。

第10章 燃气系统及设备实验

燃气作为可以管道输送的清洁能源，已成为我国城市居民生活、生产能源供应的重要组成部分，随着国家基础建设的发展，我国城市燃气事业也进入了一个快速发展阶段。本章针对燃气工程中各主要环节介绍了燃气热水器、燃气计量表的相关测试方法和对燃气供应中输气管网各项性能指标进行分析的相关测试实验。

10.1 燃气热水器性能测定

如何确定燃气热水器的可靠性、合理性和经济性，并不断研制出新型的、适合用户需要的燃气热水器，对燃气热水器的结构参数、运行参数进行科学测试是至关重要的。要使燃气热水器在最佳工况下运行，对设计、制造出的产品进行空气动力学特性、化学动力学特性及燃烧换热过程的传热特性的测定，是保证产品质量、节约能源、降低污染、实现优质燃料充分利用的切实有效的措施。

10.1.1 实验目的

①通过测定燃气热水器的热负荷、热效率，了解燃气壁挂炉采暖热水器的结构及工作原理。
②初步掌握对燃气热水器的热工性能测试技术。

10.1.2 实验原理

燃气壁挂式热水器是由给气系统、燃烧系统、排烟系统、水力系统、安全保护系统、控制系统组成。其原理是冷水流经热水器的受热面，吸收燃气燃烧产生的热量，使冷水温度升高至规定的温度并保持相对稳定，连续供应热水。由于燃气壁挂式热水器结构紧凑，受热面又大，所以其热效率比较高。

1. 热流量(热负荷)

热水器的热流量(热负荷)是指单位时间内燃气壁挂炉热水器使用的燃气燃烧所放出的热量,计算公式如下:

$$\Phi = q_{vs} Q_{is} \qquad (10-1)$$

式中:Φ——在标准大气条件下,燃具前燃气压力为 P_g 时的折算热流量,MJ/h;

Q_{is}——设计时采用的基准干燃气的低位热值,MJ/($N \cdot m^{-3}$);

q_{vs}——实验时干设计气的燃气消耗量,m^3/h(在 101.3 kPa,0 ℃状态下)。

$$q_{vs} = q_v \sqrt{\frac{(p_a + p_g) - \left(1 - \dfrac{0.644}{d_{mg}}\right) \cdot p_v}{101.3} \times \frac{273}{273 + t} \times \frac{101.3 + p_g}{101.3} \times \frac{d_{mg}}{d_{sg}}} \qquad (10-2)$$

式中:q_v——实验时湿实验气的消耗量,m^3/h;

p_a——实验时的大气压力,kPa;

p_g——通入燃气流量计的试验气压力,kPa;

t——实验时通过燃气流量计的试验气温度,℃;

p_v——在温度为 t 时饱和水蒸气的压力,kPa;

d_{mg}——标准条件下干实验气的相对密度;

d_{sg}——标准条件下干设计气的相对密度;

0.644——标准条件下水蒸气的相对密度。

令

$$F = \sqrt{\frac{(p_a + p_g) - \left(1 - \dfrac{0.644}{d_{mg}}\right) \cdot p_v}{101.3} \times \frac{273}{273 + t} \times \frac{101.3 + p_g}{101.3} \times \frac{d_{mg}}{d_{sg}}} \qquad (10-3)$$

则:

$$\Phi_c = q_{vs} Q_c \qquad (10-4)$$

式中:Φ_c——在标准大气条件下,燃具前压力为 P_g 时的实测折算热流量,MJ/h;

Q_c——实验时采用的基准干燃气的低位热值,MJ/($N \cdot m^{-3}$)。

$$\Phi_c = F \cdot \frac{(V_2 - V_1)}{\tau} \cdot f \cdot Q_c \qquad (10-5)$$

式中:F——体积折算系数;

V_1、V_2——流量计的初、终读数,m^3;

f——流量计校正系数;

τ——计量时间,h。

2. 热效率

热效率表示热能的利用率。燃气壁挂炉热水器的测试热效率可定义为:

$$\eta = \frac{单位时间内水在热水器中所吸收的热量}{单位时间内燃气在热水器内燃烧所放出的热量} \times 100\%$$

$$\eta = \frac{G \cdot C \cdot (t_2 - t_1)}{F \cdot f \cdot (V_2 - V_1) \cdot Q_c} \times 100\% \qquad (10-6)$$

式中：G——测试时间 τ 内的水量，kg/h；

  C——水的比热容，$C = 0.0041861$ MJ/（℃·kg）；

  t_1——进口冷水温度，℃；

  t_2——出口热水温度，℃。

3. 热水产率

热水产率是指单位时间内的热水产量。燃气壁挂炉热水器的额定产率是指燃气在额定压力下燃烧，在压力 98 kPa 下冷水进入热水器，温度升高 25 ℃ 时每分钟的热水量，用下式表示：

$$g = \frac{60M}{\tau} \tag{10-7}$$

式中：g——热水产率，L·min^{-1}；

  M——测试时间内的热水量，L；

  τ——测试时间，s。

10.1.3 实验设备

热水器测量系统如图 10-1 所示，燃气通过燃气调压器进入流量计，阀门既可起开关作用，又可起调整压力作用。燃气经过计量，进入快速热水器，与空气混合燃烧放出热量，生成烟气，通过排烟系统排出。

冷水经过阀门调节到额定压力后进入热水器，加热后流出热水器。进、出水温由进口、出口温度计测出。本实验系统中，燃气温度、进、出水温度、燃气压力以及水流量都由自动巡检仪读取（具体通道号如下：CH1—燃气温度；CH2—水进口温度；CH3—水出口温度；CH4—燃气压力；CH5—水流量）。

10.1.4 实验内容及步骤

①开启排风扇，保持室内通风，防止燃气泄漏造成人员伤害。

②熟悉热水器的使用方法。

③测量室温及室内大气压力。

④首先打开实验室排烟气系统，检查各个管路连接状况无误后，将自动巡检仪接上电源，效率分析仪接入测试系统，接入后即可打开进行预热。

⑤打开热水器进水总阀门及水气联动阀到最大，点燃热水器使之正常燃烧。再调节进水阀门使进水压力为额定压力。

⑥把燃气压力调至额定压力并记下压力值。

⑦转动水温调节阀，使热水温度控制在比进水初温高 25 ℃ 左右。

⑧观察进、出口温度，在温度变化不大且较稳定后开始测试。

⑨燃气表指向一整数时开始计时，分别记录巡检仪读数。

⑩在秒表指针到 1 min 时，记下燃气流量计的数值，并同时记下体积（测试时间也可以大

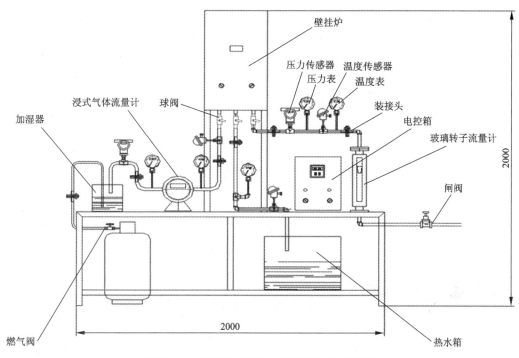

图 10-1　燃气壁挂炉热水器测量系统示意图

于 1 min，但最好取 1 min 的倍数）。

⑪将效率分析仪采样器插入烟道中，进行烟气分析，分别得出烟气温度，CO、O_2、CO_2 含量及燃烧效率。

⑫重复上述过程，进行第二次实验。

10.1.5　实验报告

1. 数据记录及处理

将实验得到的数据和利用上述公式计算出的结果记入表 10-1 中。

表 10-1　燃气热水器性能测量数据汇总表

燃气种类		燃气热值/(MJ·Nm⁻³)	
燃气压力/Pa		燃气温度/℃	
大气压力/Pa		室内温度/℃	
体积折算系数	$F=$	燃气表校正系数	$f=$
进水压力/MPa		额定热水产率/(L·min⁻¹)	

续表 10-1

	项　目	第一次	第二次	平均值
热负荷	测试时间 τ/s			
	流量计初读数 V_1/m^3			
	流量计终读数 V_2/m^3			
	热负荷 I/kW			
热效率	热水重量 G/kg			
	平均温升 $\Delta t/℃$			
	热效率 $\eta/\%$			
热水产率	热水体积 M/L			
	热水产率 $g/(L \cdot min^{-1})$			

①计算体积折算系数 F。

②计算热负荷偏差：热负荷偏差=(实测热负荷−设计热负荷)/设计热负荷×100%，要求热效率 $\eta \geqslant 80\%$。

③实测热水产率与设计值比率。要求比率=(实测值−设计值)/设计值 $\geqslant 90\%$，当误差大于此判定值时，实验应重做。

2. 分析与讨论

①分析测试快速热水器热负荷、热效率及热水产率的影响因素。

②分析所测试的快速热水器的缺陷，提出你的建议或改进方法。

10.2　燃气表流量校正实验

　　燃气系统中流量的准确测量十分重要。为保证测量的准确性，任何流量计在使用一段时间后都需要进行调整或校正。本实验利用比较法(标准流量计法)标定燃气表或其他气体流量计读数是否正确，并求出气体流量计的体积修正系数，以备测量燃气流量时使用。

10.2.1　实验目的

　　①利用标准流量计标定燃气表读数(或其他气体流量计读数)是否正确。

　　②测定气体流量计的体积修正系数，掌握其测试方法。

10.2.2 实验原理

标准流量计法校正系统是用精度高一等级的标准流量计与被校验流量计串联的校验装置,让流体同时流过标准表和被校表,比较两者的示值以达到校验或标定的目的。

1) 文丘里流量计与压差的关系为:

$$Q = 0.002492\sqrt{\rho\Delta h} \tag{10-7}$$

式中:Q——气体质量流量,kg/s;

ρ——气体的密度,kg/m³;

Δh——文丘里流量计测量差压,cm。

$$\rho = \frac{P}{ZRT} \tag{10-8}$$

式中:P——气体的绝对压力,Pa,$P = P_a + \rho_水\, gh$;

R——空气的气体常数,J/(mol·K)。

由此可以得出流入燃气表和文丘里流量计的空气的密度。根据式(10-7)、式(10-8)可计算得到标准表的流量值。

2) 修正系数。

由于流过校正表和标准表的气体的状态不同,所以需换算到标准的状况下的流量,换算的系数称为修正系数 f。

$$f = \frac{P_a + P_g + P_s}{P_a} \times \frac{273}{(273+t)} \tag{10-9}$$

式中:f——修正系数;

P_a——大气压力,Pa;

P_g——燃烧器额定工作压力,Pa;

P_s——t 温度下饱和蒸汽压力,Pa;

t——气体的温度,℃。

3) 标准流量:

$$V_0 = f_1 \times V_b \tag{10-10}$$

$$V_{c0} = f_2 \times V_c \tag{10-11}$$

式中:f_1,f_2——标准表和被校表的修正系数;

V_0,V_{c0}——标准表和被校表所测流量在标准状态下的流量值。

4) 根据标准表的标准状态流量值与被校验表的标准状态下的流量值可以得到被校验表的流量修正系数 F 为:

$$F = \frac{V_0}{V_{c0}} \tag{10-12}$$

因此,校验后使用燃气表测量气体流量就可以直接用测量的流量与修正系数相乘即可:

$$V_{CS0} = F \times V_{CS} \tag{10-13}$$

式中:F——校验表的流量修正系数;

V_{CS}——燃气表测量流量;

V_{CS0}——实际气体流量。

5）测量值相对偏差。

绝对误差：

$$\Delta V = V_0 - V_{C0} \qquad (10-14)$$

相对误差：

$$\delta = \frac{\Delta V}{V_0} \qquad (10-15)$$

10.2.3 实验设备

试验系统如图 10-2 所示。

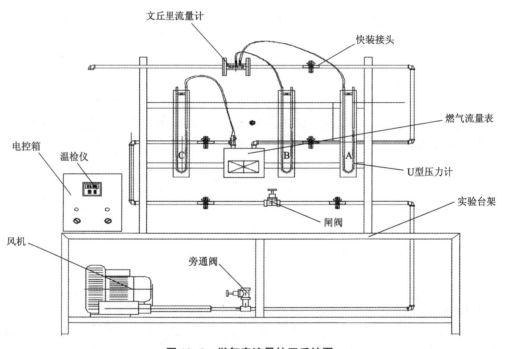

图 10-2 燃气表流量校正系统图

利用标准流量计，测出瞬时流量和累计流量及温度、压力，计算至标准状态作为标准值 $V_0(\mathrm{m}^3/\mathrm{h})$。气体流进被校流量计，得到被校表的测量值，计算至标准状态作为标准状态下的被校表测量值 V_{c0}，即可求出被校表的体积修正系数。在使用中，只要用体积修正系数乘被校表的测量值即可得准确的测量值。

10.2.4 实验内容及步骤

①开启风机电源，逐渐关小旁通阀，使用蘸有肥皂泡沫的海绵检查各个接口处的密闭性，应该确保不漏气，保证实验系统处于最小误差。

②记录室内温度 t。

③将图 10-2 中闸阀开到最大开度,待 U 形压力计示数稳定后,分别记录 U 形压力计 A、B、C 的示数,并且记录一定时间(约 2 min)段内燃气表的表盘示数。

④调节闸阀,改变文丘里喷嘴流量计两端差压,待稳定后记录数据。

⑤重复步骤④4 次,读取数据,填入记录表格。

⑥测试完毕后关闭电源。

10.2.5　实验报告

1.数据记录及处理

将所测得数据记入表 10-2 中。

表 10-2　燃气表流量校正实验数据汇总表

环境压力:　　　　　　环境温度:

编号	燃气表测量体积/m³		时间 /s	燃气表表压 /mmH₂O	文丘里表压 /mmH₂O	文丘里差压 /mmH₂O
	起始值 v_1	终了值 v_2				
1						
2						
3						
4						
5						
6						

根据式(10-7)~式(10-15)计算出表 10-3 的数据。

表 10-3　燃气表校正实验数据处理汇总表

编号	文丘里测量气体密度 /(kg·m⁻³)	燃气表测量密度 /(kg·m⁻³)	文丘里修正系数 f_1	燃气表修正系数 f_2	燃气表流量 /(kg·s⁻¹)	文丘里测量质量流量 /(kg·s⁻¹)	校正系数	误差/%
1								
2								
3								
4								
5								
6								

2. 分析与讨论

①试分析燃气表流量测试误差的影响因素。

②分析所测试的燃气表的缺陷，并提出改进措施。

10.3   输气管和调压器特性曲线测定

燃气供应系统的压力工况是利用调压器来控制的，调压器的作用是根据燃气的需用情况将燃气调至不同的压力。在燃气输配系统中，所有的调压器均是将较高的压力降至较低的压力，因此，确定整个供应系统各点的压力调节情况是保证燃气正常安全运输的重要保障。

10.3.1   实验目的

①确定输气管网的压力分布曲线，了解管长、压力等基本参数对输气量的影响；

②熟悉输气管网实验装置的使用方法，掌握实验的调节方法；

③了解调压器的工作原理，并能绘制调压器工作特性曲线。

10.3.2   实验原理

1. 输气管基本参数对流量的影响

由水平输气管威莫斯公式：

$$Q = 0.3967D^{\frac{8}{3}}\sqrt{\frac{(P_Q^2 - P_Z^2)}{Z\Delta TL}} \tag{10-16}$$

式中：Q——输气管在工程标准状态下的体积流量，m^3/s；

$\quad\quad P_Q$——输气管计算段的起点压力，Pa；

$\quad\quad P_Z$——输气管计算段的终点压力，Pa；

$\quad\quad D$——输气管内径，m；

$\quad\quad Z$——天然气在管输条件(平均压力和平均温度)下的压缩因子；

$\quad\quad \Delta$——天然气的相对密度 $\Delta = \rho_{天燃气}/\rho_{空气}$；

$\quad\quad T$——输气温度(输气管的平均温度)，K；

$\quad\quad L$——输气管计算段的长度，m。

在设计和生产上通常采用工程标准状态(压力 $P = 1.01325 \times 10^5$ Pa，温度 $T = 293$ K)下的体积流量 Q，本实验采用空气作为介质，$Z = 1$，$\Delta = 1$，管径 $D = 0.025$ m，因此，威莫斯公式可表示为：

$$Q = 0.3967 \times 0.025^{\frac{8}{3}}\sqrt{\frac{(P_Q^2 - P_Z^2)}{TL}} \tag{10-17}$$

由此可得：

①长度(或站间距)对流量的影响：$Q \propto (1/L)^{0.5}$，输气管的流量与管长的 0.5 次方成反比。管长减少一半(或倍增站间距)，则输气量会增加：$2^{0.5} = 1.414$ 倍，即输气量将提高 41%。

②起、终点压力对流量的影响：$Q \propto (P_Q^2 - P_Z^2)^{0.5} = (P_Q - P_Z)^{0.5} \times \Delta P^{0.5}$，提高 P_Q 或降低 P_Z 都可以增大输气量，但效果不同。P_Q 和 P_Z 同样变化 ΔP 时，提高 P_Q 比降低 P_Z 有利；如果起、终点压差 ΔP 不变，同时提高起、终点压力，也能增大输气量，即高压输气比低压输气有利。

2. 输气管沿线压力分布

设输气管 AB，长为 L，起、终点压力为 P_Q 和 P_Z，其上一点 M 的压力为 P_X，AM 段长为 X，输气管流量为 Q。

AM 段：

$$Q = C_0 D^{8/3} \sqrt{\frac{(P_Q^2 - P_X^2)}{Z \Delta T X}} \tag{10-18}$$

MB 段：

$$Q = C_0 D^{8/3} \sqrt{\frac{(P_Q^2 - P_Z^2)}{Z \Delta T (L-X)}} \tag{10-19}$$

流量相等，得：

$$\frac{P_Q^2 - P_X^2}{X} = \frac{P_Q^2 - P_Z^2}{L-X} \tag{10-20}$$

即

$$P = \sqrt{P_Q^2 - (P_Q^2 - P_Z^2)\frac{X}{L}} \tag{10-21}$$

上式说明输气管压力 P_X 与 X 的关系为一抛物线。

3. 输气管泄漏对管道内流量的影响

①泄漏点以前的流量将升高，大于原来的正常流量，而泄漏点以后的流量将下降，小于原来的正常流量，且泄漏量越大流量变化越明显。

②当输气管泄漏时，全线压力会下降，愈接近漏点下降越多。

4. 调压器的工作原理和持性

①调压器的工作原理：当用气量增加或入口处压力降低时，造成出口压力下降，此时薄膜(即敏感元件)前、后压力不平衡，薄膜位置变化，促使阀门开大，流量增加，这样压力就恢复到平衡状态，反之亦然。可见，无论用气量及出口压力如何变化，调压器总能自动保持稳定地供气压力。

②调压器特性：调压器的过流能力取决于阀门的面积、阀门前后压力降及气体的性质。通过调压器孔的流量随调压器出口压力 P_2 与进口压力 P_1 之比而变化。

10.3.3 实验设备

1. 输气管和燃气管网装置

(1)输气管和燃气管网装置

输气管和燃气管网装置主体如图 10-3 所示,它由两个环状管网、四条泄漏管线、六条环网连接管线、一个缓冲罐、一个气体调压器和若干阀门组成。主要包括以下设备:压缩机、燃气调压器、气体涡轮流量传感器、温度传感器、压阻式智能压力变送器、阀门(包括截止阀和闸阀)、过滤器、缓冲罐(装有安全放散阀)、钢管(DN25)等。实验介质为空气。

(2)数据采集系统

使用前先打开直流稳压电源和采集器,然后双击操作桌面上的"燃气管网实验",选择所做的实验,即出现了程序界面——静态保存数据界面,上面显示了各传感器的数据,设定实验所需数据采集周期(单位是 ms),完成实验后,可选择打印或保存数据。

2. 输气管流程调节实验线路

(1)线路 1

起点缓冲 T0→A→B→X→Y→N→M→L→Z→稳压罐 T1,途经的重要仪器有:起点调压器,阀门:VT01、VT02、VL11、VL2、VL22、VL14、VL18、VT13、VT11,流量计:QT0,压力温度传感器:PL01、PL03、PL08、PT01。

(2)线路 2

起点缓冲罐 T0→A→B→C→D→E→F→G→H→I→N→M→L→Z→稳压罐 T1,途经的重要仪器有:起点调压器,阀门:VT01、VT02、VL11、VL2、VL20、VL12、VL16、VL18、VT13、VT11,流量计:QT0,压力温度传感器:PL01、PL11、PL10、PL07、PL06、PL05、PL04、PL03、PL08、PT01。

(3)线路 3

起点缓冲罐 T0→A→B→C→D→E→F→G→H→I→J→K→X→Y→N→M→稳压罐 T4,途经的重要仪器有:起点调压器,阀门:VT01、VT02、VL11、VL2、VL20、VL12、VL4、VL14、VT43、VT41,流量计:QT0,压力温度传感器:PL01、PL11、PL10、PL07、PL06、PL05、PL12、PL02、PL03、PL04、PT04。

(4)线路 4

起点缓冲罐 T0→A→B→C→D→E→F→G→H→I→J→K→L→M→稳压罐 T4,途经的重要仪器有:起点调压器,阀门:VT01、VT02、VL11、VL2、VL20、VL12、Vl4、VL21、VL18、VT43、VT41,流量计:QT0,压力温度传感器:PL01、PL11、PL10、PL07、PL06、PL05、PL12、PL02、PL09、PL03、PL04、PT04。

(5)线路 5

起点缓冲罐 T0→A→B→C→D→E－F→G→H→O→稳压罐 T3,途经的重要仪器有:起点调压器,阀门:VT01、VT02、VL11、VL2、VL20、VT33、VT31,流量计:QT0,压力温度传感器:PL01、PL11、PL10、PL07、PL06、PL05、PL12、PT03。

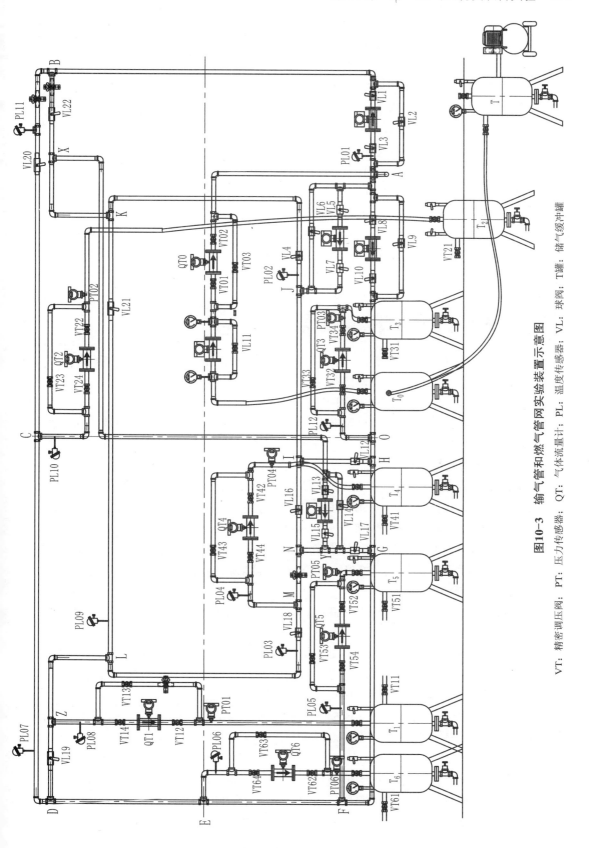

图10-3　输气管和燃气管网实验装置示意图

VT：精密调压阀；　PT：压力传感器；　QT：气体流量计；　PL：压力传感器；　PL：温度传感器；　VL：球阀；　T罐：储气缓冲罐

10.3.4 实验内容及步骤

1. 观察管长对输气量的影响及输气管沿线压力分布

①熟悉实验装置，包括管路的走向，各阀门、流量计、压力传感器的位置，调整阀门开关成线路 1 的流程，即打开 VT01、VT02、VL11、VL2、VL22、VL14、VL18、VT13、VT11，其他阀门全关闭。测量实验线路长度并得出其总局部阻力系数。

②打开冷却水，压缩机通电开机，待压缩机启动后，慢慢打开压缩机的进气阀。

③稳定后，调节调压器出口压力为 250 kPa，调节稳压罐 T1 的出口阀，保持罐内压力为 100 kPa，稳定后记录实验线路上各点压力和流量数据。

④保持调压器出口压力不变，打开门 VL20、VL12、VLI6、VL18，关闭阀门 VL22、VL14，调整成线路 2 的流程，调节稳压罐 T1 的出口阀，保持稳压罐内压力为 100 kPa，稳定后记录各点数据。

⑤保持调压器出口压力不变。打开门 VL4、VL14、VT43、VT41，关闭阀门 VL16、VL18、VT13、VT11，调整成线路 3 的流程，调节稳压罐 T4 的出口阀，保持罐内压力为 100 kPa，稳定后记录各点数据。

⑥保持调压器出口压力不变，打开阀门 VL21、VL18，关闭阀门 VL14，调整成线路 4 的流程，调节稳压罐 T4 的出口阀，保持罐内压力为 100 kPa，稳定后记录各点数据。

⑦保持调压器出口压力不变，打开阀门 VT33、VT31，关闭阀门 VL12、VL4、VL21、VL18、VT43、VT41，调整成线路 5 的流程，调节稳压罐 T3 的出口阀，保持罐内压力为 100 kPa，稳定后记录各点数据。

2. 起、终点压力对输气量的影响

①打开阀门 VL12、VL11、VL4、VL21、VL18、VT43、VT41，关闭阀门 VT33、VT31，调整成线路 4 的流程，保持 T4 罐内压力为 100 kPa，依次调整起点压力为 190 kPa、220 kPa、240 kPa、260 kPa、280 kPa，并待稳定后记录实验线路上各点压力和流量数据。

②利用线路 4 流程，调节调压器，使其出口压力保持在 250 kPa，调节稳压罐 T4 出口阀，依次调整罐内压力为 160 kPa、130 kPa、100 kPa、60 kPa、30 kPa，待稳定后记录数据。

3. 输气管泄漏测试

①在线路 4 的基础上，打开阀门 VT24、VT22、VT21，并调节 T2 罐内压力为 100 kPa，稳定后记录数据。

②打开阀门 VT54、VT52、VT51，使管线出现泄漏现象，保持 T2 罐内压力为 100 kPa，逐渐关小阀门 VT51 的开度，每调整一次记录一次各点压力和流量数据(记录 3~5 组)。

4. 调压器特性实验

关闭阀门 VT24、VT22、VT21、VT54、WT52、VT51，形成线路 4 流程，在调压器进口压力稳定的情况下，调节调压器调节阀，每调节一次记录一次各点压力和流量数据(记录 3~5 组)。

①调节调压器，使其出口压力为 100 kPa 左右，稳定后开始记录数据，过程中逐渐关小阀门 VT02 直至关闭。停止本次调节数据记录，然后打开阀门 VT02。

②调节调压器，使其出口压力为 100 kPa 左右，稳定后开始记录数据，过程中由小到大

迅速调节调压器达到流量突变, 待稳定后停止本次调节数据记录。

③调节调压器, 使其出口压力为 280 kPa 左右, 稳定后开始记录数据, 过程中由大到小迅速调节调压器达到流量突变, 待稳定后停止本次调节数据记录。

5. 实验完毕

关闭压缩机进气, 切断电源, 然后关闭冷却水, 最后关闭所有阀门。

6. 注意事项

①调压器调节压力时, 因管路有一定的急冲时间, 因而操作要缓慢, 等稳定后再读数(大约 2 min)。

②实验中未注明的压力均指相对压力。实验采集系统显示的读数, 压力表示数是相对压力, 单位是 kPa, 流量计示数是实际流量, 单位是 m³/h。

③做动态实验(调压器动态特性)时, 应切换动态采集界面。

④要使用支线上的流量计时, 由于其量程较小, 使用前应先打开旁通阀, 待稳定后再打开流量计两旁的阀门, 然后慢慢关闭旁通阀, 若在此过程中出现超量程现象, 应关小罐的出口。

⑤调节罐内压力时, 由于要同时保持多个罐的压力为定值, 所以这些罐应尽量同时调节, 而且由于管路的延迟, 调节时应大略接近而不应完全等于待调值, 否则调节不准确。

10.3.5　实验报告

①绘制出相应的数据表(包括: 管线沿线压力数据记录表, 管长对输气量影响数据记录表, 终点压力不变时流量随起点压力变化数据记录表, 起点压力不变时流量随终点压力变化数据记录表, 输气管泄漏实验数据记录表), 将实验数据整理列表进行比较。

②分别在直角坐标纸上绘出 $Q-(1/L)^{0.5}$ 的曲线和 P^2-X 曲线, 看是否为一条直线; 如不是, 则用最小二乘法回归, 并分析实验误差。

③将起、终点压力对输气量的影响画成曲线, 看曲线斜率的大小, 比较其随流量影响的大小, 并取相同段进行分析。

④绘制调压器特性曲线 $Q-P_2/P_1$。

⑤比较输气管泄露前、后管线压力和流量的变化情况(用数据分析说明)。

10.4　燃气管网水力工况及可靠性实验

城市管网与用户的连接一般有两种方法: 一种通过用户调压器与燃具连接; 另一种是用户直接与低压管网连接, 这样随着管网中流量变化和压力波动, 燃具前的压力也随之变化。因此, 为满足燃具燃烧的稳定性和良好的运行工况, 避免发生事故的情况下, 对燃具前压力波动范围的确定与可靠性进行分析极为重要。

10.4.1 实验目的

①测试燃气管网实验装置不同使用状态下的水力工况,了解用户用气量的变化对管网水力工况的影响。

②通过实验了解压力储备的具体含义,掌握提高燃气管网水力可靠性的方法。

③分析管网实验装置在事故工况下的水力可靠性,学会管网水力可靠性的分析方法。

④通过实验,比较枝状管网与环状管网各自的水力特点和优缺点。

10.4.2 实验原理

1. 不同使用状态下的管网水力工况的测试实验

城市燃气管网通常设计为环状,本实验就目前的实验装置,可通过增加或减少用户数、改变用户用气量,模拟用气高峰或低峰时对环状管网水力工况的影响,完成不同使用状态下的水力工况的测试实验。

2. 水力可靠性测试实验

通过断环模拟堵塞事故工况,测试该燃气管网的水力可靠性。当个别管段发生事故时,各用户供气量的减少程度是不同的,若整个系统气体通过能力的减少是在许可的范围内,则认为该系统是可靠的(即在事故工况下,各用户供气量应不小于正常工况下的70%)。为保证各用户正常用气,应采取一定的措施来提高管网的水力可靠性。这里可试图提高燃气管网的起点压力来提高燃气管网的水力可靠性,并进一步理解压力储备的含义。

10.4.3 实验设备

实验装置为输气管和燃气管网装置,如图10-3所示。管网供气点为A,实验线路如下:

①环网:起点缓冲罐 T0→A→B→C→D→E→F→G→H→O→A,途径的重要仪器有:起点调压器,阀门:VT01、VT02、VL11、VL2、VL20、VL9,流量计:QT0,压力温度传感器:PT0、PL01、PL11、PL07、PL06、PL05、PL12。

②用户1:B→X→Y→N→M→稳压罐 T4,途经的重要仪器有阀门:VL22、VLI4、VT44、VT42、VT4,流量计:QT4,压力温度传感器:PL04、PT04。

③用户2:E→稳压罐 T6,途经的重要仪器有阀门:VT64、VT62、VT61,流量计:QT6,压力温度传感器:PL06、PT06。

④用户3:F→稳压罐 T5,途经的重要仪器有阀门:VT54、VT52、VT51,流量计:QT5,压力温度传感器:PL05、PT05。

10.4.4 实验内容及步骤

①实验时先启动压缩机:打开冷却水,压缩机通电开机,待压缩机启动后,慢慢打开压缩机的进气阀。

②打开主干线上阀门：VT01、VT02、VT11、VL2、VL20、VT34、VT32、VT31，再打开用户 2 的阀门。

③保持起点压力不变，打开用户 1 的阀门，调节出口阀，保持罐内压力为 100 kPa。稳定后读取流量、压力数据。

④保持起点压力不变，先关闭用户 1 的出口阀，再打开用户 3 的阀门，调节出口阀，保持罐内压力为 100 kPa。稳定后读取流量、压力数据。

⑤保持起点压力不变，再次打开用户 1 的出口阀，调节出口阀，保持罐内压力为 100 kPa。稳定后读取流量、压力数据。

⑥改变供气起点的压力，重复做几组实验，记录数据。

⑦实验完毕，关闭压缩机进气阀，切断电源，然后关闭冷却水，最后关闭所有阀门。

10.4.5 实验报告

①将实验数据整理列表进行比较。

②分析正常工况下，调压器出口压力为定值时管网的水力工况。

③比较事故工况和正常工况下各用户流量以及各节点压力的变化情况。

④分析提高调压器出口压力时，各用户处流量的变化情况，理解并叙述压力储备的具体含义。

⑤针对该实验系统提出可行的提高管网水力可靠性的途径，并比较枝状管网和环状管网的水力特点。

10.5 燃气分配管道计算流量实验

正确地进行燃气管道的水力计算关系到输配系统经济性和可靠性的问题，而各管段计算流量的确定是保证整个燃气管道水力计算的重要因素。

10.5.1 实验目的

①通过实验理解途泄流量、转输流量和计算流量的具体含义。

②掌握用公式计算天然气分配管道的计算流量。

③验证计算流量与途泄流量、转输流量间的关系式，确定系数 α 值。

10.5.2 实验原理

城市天然气分配管网的各条管段根据连接用户的情况，可分为三种：①管段沿途不输出气体，用户连接在管段的末端，这种管段的气体流量是个常数，所以其计算流量就等于转输流量。②分配管网的管段与大量居民用户、小型公共建筑用户相连。这种管段的主要特征是：由管段始端进入的天然气在途中全部供给各处用户，这种管段只有途泄流量。③最常见的分配管段的供气情况是：流经管段送至末端不变的流量为转输流量，在管段沿程输出的流量为途泄流量，该管段上既有转输流量，又有途泄流量。因此计算流量与途泄流量、转输流量之间的关系通常按下式计算：

$$Q = \alpha Q_1 + Q_2 \tag{10-15}$$

式中：Q——计算流量，m^3/h；

　　　Q_1——途泄流量，m^3/h；

　　　Q_2——转输流量，m^3/h；

　　　α——与途泄流量和转输流量之比、沿途支管数有关的系数。

从理论上讲，按照高、中压压降公式：

$$\alpha = \frac{\sqrt[1.75]{1 - 0.88x + 0.11\frac{2n+1}{n}x^2 - (1-x)}}{x} \tag{10-16}$$

式中：x——途泄流量 Q_1 与总流量 Q_N（即 $Q_1 + Q_2$）的比值，$0 \leq x \leq 1$；

　　　n——途泄点数，即支管数。

所以，取不同的 n 和 x 时，所得 α 值是不一样的。对于天然气分配管道，一条管段上的分支管数 n 一般不小于 5~10 个，x 值在 0.3~1.0 的范围内，此时系数 α 为 0.5~0.6，故取其平均值 $\alpha = 0.55$。

10.5.3　实验设备

实验所用装置为输气管和燃气管网装置，如图 10-3 所示。

管网供气点为 A，途泄点为 B、C、E、F。

①主干线：起点缓冲罐 T0→A→B→C→D→E→F→G→H→O→稳压罐 T3，途经重要仪器有：起点调压器，阀门：VL11、VT01、VT02、VL2、VL20、VT32、VT34、VT31，流量计：QT0、QT3，压力温度传感器：PT0、PL01、PL11、PL10、PL07、PL06、PL05、PL12、PT03。

②用户 1：B→X→Y→N→M→稳压罐 T4，途经的重要仪器有：阀门：VL22、VL14、VT44、VT42、VT41，流量计：QT4，压力温度传感器：PL03、PT04。

③用户 2：C→稳压罐 T2，途经重要仪器有：阀门：VT24、VT22、VT21，流量计：QT2，压力温度传感器：PL10、PT02。

④用户 3：E→稳压罐 T6，途经的重要仪器有：阀门：VT64、VT62、VT61，流量计：QT6，压力温度传感器：PL06、PT06。

⑤用户 4：F→稳压罐 T5，途经的重要仪器有：阀门：VT54、VT52、VT51，流量计：QT5，压力温度传感器：PL05、PT05。

10.5.4　实验内容及步骤

①实验时先启动压缩机：打开冷却水，压缩机通电开机，待压缩机启动后，慢慢打开压缩机的进气阀。

②打开主干线上阀门：VT11、VT01、VT02、VL2、VL20、VT32、VT34、VT31，再分别打

开用户 2、用户 4 的阀门。

③调节起点供气压力为 150 kPa，再分别调节稳压罐 T2、T5 的出口阀，保持罐内压力为 100 kPa。稳定后记录流量、压力及实验管段长度等数据。

④保持起点压力不变，打开用户 1 的阀门，调节出口阀，保持罐内压力为 100 kPa。稳定后记录数据。

⑤保持起点压力不变，先关闭用户 1 的出口阀，再打开用户 3 的阀门，调节出口阀，保持罐内压力为 100 kPa。稳定后记录数据。

⑥保持起点压力不变，再次打开用户 1 的出口阀，调节出口阀，保持罐内压力为 100 kPa。稳定后记录数据。

⑦改变供气起点的压力，重复做几组实验，记录数据。

⑧实验完毕，关闭压缩机进气阀，切断电源，然后关闭冷却水，最后关闭所有阀门。

10.5.5　实验报告

①将实验数据整理列表进行比较。

②写出途泄流量、转输流量的具体含义，运用给定的方法计算天然气分配管道的计算流量。

③验证途泄流量、转输流量与计算流量之间的关系，求出系数 α 值。

④从理论上计算系数 α 的值，与实验测得值进行对比，分析实验存在误差的大小和产生误差的原因。

附 录

附表 1 常用单位换算表

物理量名称	符号	换算系数		
		我国法定计量单位	工程单位	
质量	M	kg	$kgf \cdot s^2/m$	
		1	0.1020	
		9.807	1	
温度	T 或 t	K	℃	
		$T = t + 273.15$	$t = T - 273.15$	
力	F	N	kgf	
		1	0.1020	
		9.807	1	
压力 （即压强）	P	Pa	atm	
		1	9.86923×10^{-6}	
		1.01325×10^5	1	
密度	ρ	kg/m^3	$kgf \cdot s^2/m^4$	
		1	0.1020	
		9.807	1	
能量 功量 热量	W 或 Q	J	kcal	
		1×10^3	0.2388	
		4.187×10^3	1	
功率 热流量	P 或 φ	W	kgfm/s	kcal/h
		1	0.1020	0.8598
		9.807	1	8.434
		1.163	0.1186	1

续附表1

物理量名称	符号	换算系数	
		我国法定计量单位	工程单位
比热容	C	J/(kg·K)	kcal/(kg·℃)
		1	0.2388
		4.187	1
动力黏度	η	Pa·s 或 kg/(m·s)	kgf·s/m^2
		1	0.1020
		9.807	1
导热系数	λ	W/(m·K)	kcal/(m·h·℃)
		1	0.8598
		1.163	1
表面传热系数 总传热系数	h K	W/(m^2·K)	kcal/(m^2·h·℃)
		1	0.8598
		1.163	1
热流密度	q	W/m^2	kcal/(m^2·h)
		1	0.8598
		1.163	1

附表 2　空气相对湿度表

湿球温度/°C	干湿温差/°C																															
	0.0	0.5	1.0	1.5	2.0	2.5	3.0	3.5	4.0	4.5	5.0	5.5	6.0	6.5	7.0	7.5	8.0	8.5	9.0	9.5	10.0	10.5	11.0	11.5	12.0	12.5	13.0	13.5	14.0	14.5	15.0	16.0
16	100	95	90	85	76	71	67	63	58	54	50	46	42	38	34	30	26	23	19	15	12	8	5									
17	100	95	90	86	76	72	68	64	60	55	51	47	43	40	36	32	28	25	21	18	14	11	8									
18	100	95	91	86	77	73	69	65	61	57	53	49	45	41	38	34	30	27	23	20	17	14	10	7								
19	100	95	91	87	78	74	70	65	62	58	54	50	46	43	39	36	32	29	26	22	19	16	13	10	7							
20	100	95	91	87	78	74	70	66	62	59	55	51	48	44	41	37	34	31	28	24	21	18	15	12	9	6						
21	100	96	91	87	79	75	71	67	63	60	56	53	49	46	42	39	36	32	29	26	23	20	17	14	12	9	6					
22	100	96	92	88	80	76	72	68	64	61	57	54	50	47	44	40	37	34	31	28	25	22	19	17	14	11	8	6				
23	100	96	92	88	80	76	72	69	65	62	58	55	52	48	45	42	39	36	33	30	27	24	21	19	16	13	11	8	6			
24	100	96	92	88	80	77	73	69	66	62	59	56	53	49	46	43	40	37	34	31	29	26	23	21	18	15	13	10	8	6		
25	100	96	92	88	81	77	74	70	67	63	60	57	54	50	47	44	41	39	36	33	30	28	25	23	20	18	15	13	10	8	5	
26	100	96	92	89	81	78	74	71	67	64	61	58	54	51	48	46	43	40	37	34	32	29	26	24	21	19	17	14	12	10	8	
27	100	96	92	89	82	78	75	71	68	64	61	58	56	52	50	47	44	41	38	36	33	31	28	26	23	21	18	16	14	12	10	7
28	100	96	93	89	82	78	75	72	69	65	62	59	56	53	51	48	45	42	40	37	34	32	29	27	25	22	20	18	16	14	12	9
29	100	96	93	89	82	79	76	72	69	66	63	60	57	54	52	49	46	43	41	38	36	33	31	28	26	24	22	19	17	15	13	11
30	100	96	93	90	83	79	76	73	70	66	63	61	58	55	53	50	47	44	42	39	37	34	32	30	28	25	23	21	19	17	15	13
31	100	96	93	90	83	80	77	73	70	67	64	61	58	56	53	51	48	45	43	40	38	35	33	31	29	27	25	22	20	18	17	14
32	100	96	93	90	83	80	77	74	71	67	64	62	59	56	54	51	49	46	44	41	39	36	34	32	30	28	26	24	22	20	18	16
33	100	97	93	90	83	80	78	74	71	68	65	62	60	57	54	52	49	47	44	42	40	37	35	33	31	29	28	26	24	22	20	17
34	100	97	93	90	84	81	78	75	72	68	66	63	60	57	55	52	50	47	45	42	41	38	36	34	32	30	29	27	25	23	21	19
35	100	97	94	90	84	81	78	75	72	69	66	63	61	58	56	53	51	48	46	43	42	39	37	35	33	32	30	28	26	24	23	20
36	100	97	94	90	84	82	79	76	73	69	66	64	61	58	56	54	51	49	46	44	43	40	38	36	35	33	31	29	28	26	24	21
37	100	97	94	91	84	82	79	76	73	70	67	64	62	59	57	54	52	49	47	45	43	41	40	37	36	34	32	30	29	27	25	23
38	100	97	94	91	84	82	79	77	73	71	68	65	63	60	57	55	53	50	48	46	44	42	40	38	36	35	33	31	30	28	26	24
39	100	97	94	91	85	82	79	77	74	72	68	66	64	61	59	56	54	51	49	47	45	42	41	39	36	35	34	32	30	28	27	25
40	100	97	94	91	85	82	80	77	74	72	69	67	64	62	59	57	54	53	51	48	46	44	43	40	38	36	35	33	31	29	28	26

附表 3 常用热电偶数据

热电偶名称	分度号	极性	识别	化学成分（名义）	20℃时的偶丝电阻系数/$(\Omega \cdot mm^2 \cdot m^{-1})$	100℃时的热电势/mV	使用温度 长期/℃	使用温度 短期/℃	允许误差 温度/℃	允许误差 误差	允许误差 温度/℃	允许误差 误差	等级
铂铑10-铂	S	正	精硬	Pt: 90% Rh: 10%	0.25	0.645	1300	1600	0~1100	±1	1100~1600	±[1+(t-1100)×0.003]	I
		负	柔软	Pr: 100%	0.13				0~600	±1.5	600~1600	±0.25%t	II
镍铬硅	K	正	不弈磁	Ni: 90% Cr: 9%~10% Si: 0.4%余 Mn, Co	0.7	4.095	1100	1300	0~400	±1.6	400~1100	±0.4%t	I
		负	稍弈磁	Ni: 97% Cr: 2%~3% Si: 0.4%~0.7%	0.23				0~400	±3	400~1300	±0.75%t	II
镍铬-康铜	E	正	色暗	同正 K 极	0.7	6.317	600	800	0~400	±4	400~800	±1%t	II
		负	银白色	Ni: 40% Cu: 60%	0.49								
铂铑30-铂铑6	B	正	轻硬	Pt: 70% Rh: 30%	0.25	0.033	1600	1800	600~800	±4	800~1700	±0.5%t	II
		负	较软	Pt: 94% Rh: 6%	0.23								
铜-康铜	T	正	红色	Cu: 100%	0.017	4.277	350	400			-40~350	±0.5 或 0.4%t±1	I
		负	银白色	Cu: 60% Ni: 40%	0.49						-40~350	或±0.75%t 或±1	II
											-200~40	±1±1.5%t	II

分度号：E

附表 4 镍铬-铜镍（康铜）热电偶分度表

（参考端温度为 0℃）

（单位：mV）

热电动势/mV \ 温度/℃	0	100	200	300	400	500	600	700	800	900
0	0.000591	6.317679	13.419742	21.033781	28.943801	36.999809	45.085806	53.110797	61.022784	68.783766
10	0.591601	6.996687	14.16174	21.814783	29.744802	37.808809	45.891806	53.907796	61.806782	69.549764
20	1.192609	7.683694	14.909752	22.597786	30.546804	38.617809	46.697805	54.703795	62.588780	70.313762
30	1.801618	8.377701	15.661756	23.383788	31.350805	39.426810	47.502804	55.498793	63.368779	71.075760
40	2.419628	9.078709	16.417761	24.171790	32.155805	40.236809	48.306803	56.291792	64.147777	71.835758
50	3.047636	9.787714	17.178764	24.961793	32.960807	41.045808	49.109802	57.083790	64.924776	72.593757
60	3.683646	10.501721	17.942768	25.754795	33.767807	41.853809	49.911802	57.873790	65.700773	73.350754
70	4.329654	11.222727	18.710771	26.549795	34.574808	42.662809	50.713800	58.663788	66.473772	74.104753
80	4.983663	11.949732	19.481775	27.3453798	35.382808	43.470808	51.513799	59.451786	67.245770	74.857751
90	5.646671	12.681738	20.256777	28.143800	36.19809	44.278807	52.312798	60.237785	68.015768	75.608750
100	6.317	13.419	21.033	28.943	36.999	45.085	53.110	61.022	68.783	76.358
热电动势/mV \ 温度/℃	0	100	200	300	400	500	600	700	800	900

参考文献

[1] 王智伟, 杨振耀.建筑环境与设备工程实验及测试技术[M].北京：科学出版社, 2004.

[2] 姜昌伟, 傅俊萍.热工理论基础实验[M].北京：中国电力出版社, 2016.

[3] 西安冶金建筑学院, 同济大学.热工测量与自动调节[M].北京：中国建筑工业出版社, 1983.

[4] 付海明, 张吉光.实验技术[M].北京：中国建筑工业出版社, 2007.

[5] 陈刚, 等.建筑环境测量[M].北京：机械工业出版社, 2005.

[6] Randall McMullan. 建筑环境学[M]. 张振南, 李溯泽.北京：机械工业出版社, 2003.

[7] 贺平, 孙刚.供热工程[M].北京：中国建筑工业出版社, 2000.

[8] 彦启森.空气调节用制冷技术[M].北京：中国建筑工业出版社, 2001.

[9] 赵荣义, 等.空气调节[M].北京：中国建筑工业出版社, 2001.

[10] 贾衡.人与建筑环境[M].北京：北京工业出版社, 2001.

[11] 李念平.建筑环境学[M].北京：化学工业出版社, 2010.

[12] 孙一坚, 沈恒根.工业通风[M].北京：中国建筑工业出版社, 2010.

图书在版编目(CIP)数据

建筑环境与能源应用工程实验教程／傅俊萍主编.
—长沙：中南大学出版社，2021.4
高等学校建筑环境与能源应用工程专业"十三五"创
新系列教材
ISBN 978-7-5487-4380-4

Ⅰ. ①建… Ⅱ. ①傅… Ⅲ. ①建筑工程－环境管理－
高等学校－教材 Ⅳ. ①TU-023

中国版本图书馆 CIP 数据核字(2021)第 057446 号

建筑环境与能源应用工程实验教程

主编 傅俊萍

□责任编辑	刘颖维	
□责任印制	周 颖	
□出版发行	中南大学出版社	
	社址：长沙市麓山南路	邮编：410083
	发行科电话：0731-88876770	传真：0731-88710482
□印 装	长沙雅鑫印务有限公司	

□开 本	787 mm×1092 mm 1/16	□印张 13.25 □字数 336 千字
□版 次	2021 年 4 月第 1 版	□2021 年 4 月第 1 次印刷
□书 号	ISBN 978-7-5487-4380-4	
□定 价	48.00 元	

图书出现印装问题，请与经销商调换